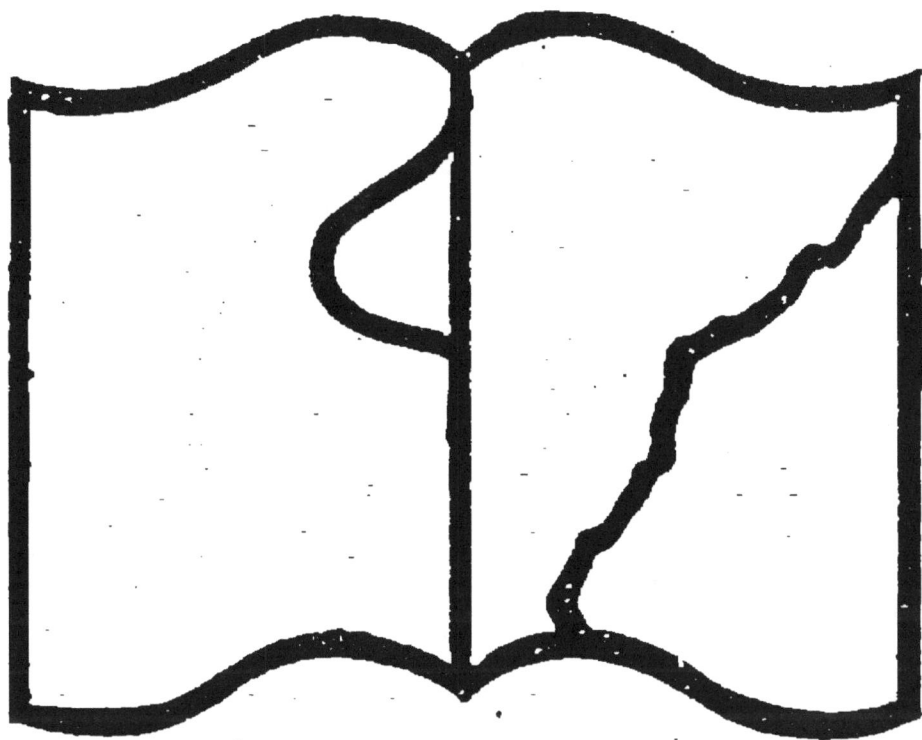

PETIT MÉMORIAL

DES

ÉLECTRICIENS

RENSEIGNEMENTS TECHNIQUES

extraits

du *Formulaire de l'Électricien*, de l'*Agenda Oppermann*
et de l'*Aide-Mémoire de l'Électricien.*

NOTES

sur les accumulateurs, par M. DUJARDIN;
sur les dérangements des dynamos, par M. MONTPELLIER;
sur les brevets d'invention,
par MM. MARILLIER et ROBELET.

1895

PARIS

L. BOUDREAUX

8, rue Hautefeuille.

AVERTISSEMENT

Le **Petit Mémorial des Électriciens**, sans prétention au point de vue scientifique, a été un moyen très actif de propagande, qui a grandement contribué au développement rapide de l'application des balais feuilletés aux dynamos de tous systèmes. Devant les résultats obtenus, de nouveaux efforts de même nature n'avaient plus de nécessité, mais les sollicitations pressantes des industriels qui avaient partagé la bonne fortune de l'inventeur, décidèrent celui-ci à donner une nouvelle édition, qui, suivant le cliché consacré, devait être revue, corrigée et augmentée.

Comme dans la première édition, la collaboration précieuse de M. HOSPITALIER, en permettant l'usage d'un grand nombre des tableaux provenant du *Formulaire de l'Électricien*, a apporté au *Petit Mémorial* une autorité indiscutable. Les renseignements précis contenus dans l'*Agenda Oppermann* et généreusement mis à notre disposition par MM. Baudry et Cie, ont heureusement complété cet ensemble.

Les parties nouvelles ne sont pas moins intéressantes. L'*Aide mémoire des Électriciens*, de MM. PICARD et DAVID, a été mis aussi à contribution. Les chapitres : Machines dynamos, éclairage à arc, éclairage à incandescence, installation de sonneries électriques, seront consultés avec fruit, par toute personne ayant une installation électrique à conduire ou à surveiller. M. DUJARDIN, l'électricien bien connu pour sa compétence, a bien voulu rédiger spécialement pour le *Petit Mémorial*, une notice sur les accumulateurs. C'est certainement ce qui a été fait de plus précis et de plus complet bien qu'avec beaucoup de concision, sur ces appareils si intéressants et si souvent malmenés.

Une très grande place a été réservée à un travail d'une utilité incontestable : *Les dérangements des dynamos et des moyens d'y remédier*, de M. MONTPELLIER, rédacteur en chef de l'*Électricien*. Les électriciens seront certainement très heureux de trouver là, non pas tous les cas qui pourraient les embarrasser, mais un tel nombre, qu'il leur sera difficile d'être pris au dépourvu.

MM. Marillier et Robelet, ingénieurs-conseils en matières d'invention, en adressant aux inventeurs des conseils sur la façon de prendre les brevets, auront certainement fait œuvre utile. Le cadre trop restreint de cet ouvrage n'a pas permis d'insérer la totalité de leur travail.

Enfin l'adjonction d'une partie disposée par lettres alphabétiques et consacrée à y recueillir des adresses utiles à conserver, fera de cet ensemble un peu hétérogène, un tout qui ne manquera pas, cependant, de valeur pratique.

Il est hors de doute que cette deuxième édition sera la bienvenue, tout autant que son aînée, et qu'elle sera conservée en bonne place sur le bureau de l'électricien, de l'industriel, qui avec raison exigent de la dynamo des services de toutes sortes. Leurs exigences sont d'ailleurs justifiées par ces applications sans nombre, qui rendent cet outil merveilleux absolument indispensable dans la plupart des industries.

NOTICE

SUR LES BALAIS FEUILLETÉS

(Brevetés en tous pays)

Certes les balais feuilletés sont assez connus et leur usage s'étant si rapidement développé en Europe et en Amérique, qu'il serait inutile d'en parler longuement, s'il n'était pas intéressant de rechercher pour quelles raisons ces balais ont rencontré l'approbation universelle des électriciens soucieux de la bonne marche et du bon entretien des dynamos, dont ils ont la surveillance.

Les balais électriques indispensables aux dynamos à courant continu, doivent satisfaire à deux conditions principales : 1° leur conductibilité ou plutôt leur capacité électrique ne doit pas être inférieure à celle des lames du collecteur, pour ne point opposer de résistance au passage du courant ; 2° leur frottement, sur les lames du collecteur, ne doit pas exercer d'usure sensible sur celui-ci, ni de chaleur, qui se traduiraient par une diminution de rendement de la dynamo et par une réparation ou un remplacement trop rapide du collecteur.

Il est évident qu'une barre de cuivre, employée comme balai, d'une section égale à celle d'une lame du collecteur, remplirait bien la première condition, mais serait loin de satisfaire à la seconde.

Les premières dynamos, celles de **Wild** et de **Ladd**, étaient munies de deux lames assez épaisses (une par pôle) entaillées suivant le diamètre du collecteur ; elles étaient placées de telle façon qu'en faisant ressort, le contact était assuré.

Dans le but de diminuer le frottement, Siemens adopta pour les dynamos de son système, des balais composés de plusieurs lames minces superposées, ces lames avaient quelques dixièmes de millimètre d'épaisseur et, pour en diminuer la raideur, on dut les fendre longitudinalement par quelques traits de scie.

Cela constituait certainement un ensemble assez élastique, mais l'épaisseur encore trop grande des lames, en produisant un frottement énergique, détériorait le collecteur avec trop de rapidité. De plus ces balais, placés tangentiellement au collecteur, ne laissaient passer le courant que par la lame immédiatement en contact, d'où insuffisance de section pour des courants d'un peu d'intensité. Le défaut de cohésion entre les lames empêchait d'utiliser la section entière des balais.

Gramme, en munissant ses dynamos de balais en fils fins dont les extrémités viennent s'appuyer sur les lames du collecteur, apporta une amélioration appréciable, qui permit de donner au courant la section nécessaire à son passage, grâce à un contact plus intime.

Pour être plus doux que le frottement du balai Siemens, celui du balai de fils a encore une trop grande importance, il ne pouvait donc pas être considéré comme une solution acceptable de la question.

L'application de la toile métallique à la confection des balais, rencontra tout de suite une grande faveur. La facilité de fabrication, la plus grande solidité des balais, la possibilité d'employer des fils plus fins que ceux en usage pour les balais de fils non tissés, firent adopter les balais de toile presque exclusivement. Cependant le frottement de ces derniers est loin d'être négligeable, leur surface de contact très divisée entame facilement les lames du collecteur. La déformation du collecteur est moindre, l'usure est plus régulière avec ces balais, mais, en somme, elle est presque aussi grande que celle causée par l'emploi des balais de fils. Un autre inconvénient, d'ordre différent mais plus important, inhérent à la matière première elle-même, fait que le balai de toile, possède une capacité électrique moitié moindre que celle du balai de fils. Cela résulte de la moindre densité du balai de toile, dont le poids, à volume égal, est à peu près la moitié de celui du balai de fils.

Il n'en peut être autrement, si finement qu'une toile métallique soit tissée, les vides laissés par le tissage, ont pour effet de diminuer le poids spécifique du balai de toile dans ces proportions. Le laminage de la toile, la compression énergique des balais ne remédient qu'imparfaitement à cet inconvénient.

Les balais de *lames*, de *fils* ou de *toile métalliques*, bien qu'employés pendant longtemps, étaient loin de satisfaire les électriciens. Il était réservé au balai en *papier métallique*; pour employer un néologisme qui caractérise bien le balai feuilleté, d'apporter une solution rationnelle au problème, qu'un certain nombre d'inventeurs se sont efforcés de résoudre. Par sa densité supérieure au balai de fils, presque égale à la densité du métal qui le compose, il donne satisfaction à la première des conditions énoncées plus haut. Par sa structure feuilletée, résultant de son mode de fabrication, il répond aux exigences de la seconde.

Est-il bien nécessaire de s'étendre longuement sur la douceur de frottement exercé par le balai feuilleté sur le collecteur ? On comprendra aisément qu'en laminant le métal aussi mince qu'il est possible de le faire industriellement, les propriétés physiques du métal sont transformées. Les feuilles de métal laminées à deux centièmes de millimètre d'épaisseur n'ont plus rien de métallique quant à la dureté, elles peuvent être comparées aux feuilles de papier les plus minces dont elles ont la souplesse et, comme elles, peuvent être froissées sans plus d'efforts.

On obtient par l'assemblage de ces feuilles et leur compression énergique, une sorte de coussin métallique d'une plasticité parfaite, qui tout en possédant la même capacité électrique qu'une barre de même métal et de même section, annule le frottement qui résulterait de l'emploi d'un balai autrement constitué.

Ceci bien établi, il n'est donc pas étonnant que la fabrication des balais feuilletés ait exigé, jusqu'à ce jour, pour l'Europe et l'Amérique, près de vingt-cinq mille kilogrammes de métal laminé en feuilles de deux centièmes de millimètre d'épaisseur.

Devant ces résultats, la contrefaçon, qu'on peut appeler la consécration d'une invention, ne devait pas se faire attendre.

Les extraits suivants d'un jugement prononcé le 30 juillet 1895 par le président du Tribunal correctionnel de la Seine montrent que la répression a suivi de près.

« *Attendu que l'invention de Boudreaux, clairement définie* » *par son brevet du 2 juillet 1892 et le certificat d'addition du* » *18 mars 1893, est dûment brevetable.*

» *Attendu qu'il résulte du rapport des experts que l'invention* » *de Boudreaux est nouvelle et ne peut être mise en échec par* » *les antériorités opposées par les prévenus.*

» **Attendu que Boudreaux a obtenu des résultats industriels in-** » **discutables; attendu que les experts constatent qu'avec** » **l'invention de Boudreaux on obtient une conductibilité par-** » **faite et une résistance spécifique faible, puisque par la** » **compression on peut rendre le balai presque aussi mince que** » **s'il eût été formé d'une lame de laiton fondue. Que de plus l'usure** » **du collecteur est presque nulle, et l'usure du balai réduite** » **au minimum. Qu'ainsi ont disparu les divers inconvénients** » **des balais dont on se servait avant l'invention de Boudreaux.**

« *Et attendu qu'il est établi que les balais saisis chez les pré-* » *venus sont identiques à ceux fabriqués par Boudreaux.*

» *Qu'ainsi les prévenus se sont rendus coupables du délit de* » *contrefaçon prévu et puni par la loi du 5 juillet 1844.*

» *Par ces motifs,*

» *Condamne les sieurs X..., Y... chacun à deux cents francs* » *d'amende.*

» *Et statuant sur les conclusions de la partie civile:*

» *Condamne les sieurs X..., Y... à payer au sieur Boudreaux* » *des dommages-intérêts à fixer par état.*

» *Les condamne dès à présent à payer au sieur Boudreaux la* » *somme de cinq cents francs à titre de provision.*

» *Déclare la Société X..., Y... et C*ie *civilement responsable.*

» *Ordonne la confiscation des objets saisis et l'attribution des-* » *dits objets au demandeur.* »

TABLE DES MATIÈRES

TABLE ALPHABÉTIQUE DES ANNONCES

INDUSTRIES ÉLECTRIQUES

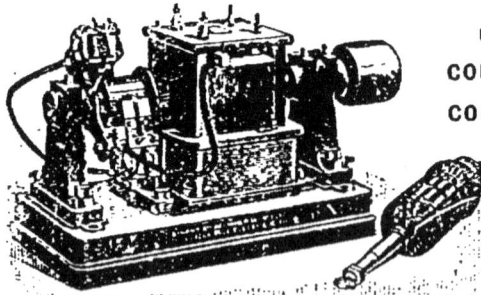

TABLE

DES NOMBRES (n); DE LEURS RÉCIPROQUES $\left(\frac{1}{n}\right)$; CARRÉS (n^2); RACINES CARRÉES $\left(\sqrt{n}\right)$;

CUBES (n^3); RACINES CUBIQUES $\left(\sqrt[3]{n}\right)$;

CIRCONFÉRENCES (πn); ET SURFACES DE CERCLE $\left(\frac{\pi n^2}{4}\right)$.

n	$\frac{1}{n}$	n^2	$\sqrt{n}$	n^3	$\sqrt[3]{n}$	πn	$\frac{\pi n^2}{4}$
1	1,0000	1	1,000	1	1,000	3,14	0,79
2	0,5000	4	1,414	8	1,259	6,28	3,14
3	0,3333	9	1,732	27	1,442	9,42	7,07
4	0,2500	16	2,000	64	1,587	12,57	12,57
5	0,2000	25	2,236	125	1,709	15,71	19,63
6	0,1667	36	2,449	216	1,817	18,85	28,27
7	0,1429	49	2,645	343	1,912	21,99	38,48
8	0,1250	64	2,828	512	2,000	25,13	50,27
9	0,1111	81	3,000	729	2,080	28,27	63,62
10	0,1000	100	3,162	1 000	2,154	31,42	78,54
11	0,0909	121	3,316	1 331	2,223	34,56	95,03
12	0,0833	144	3,464	1 728	2,289	37,70	113,10
13	0,0769	169	3,605	2 197	2,351	40,84	132,73
14	0,0714	196	3,741	2 744	2,410	43,98	153,94
15	0,0667	225	3,872	3 375	2,466	47,12	176,71
16	0,0625	256	4,000	4 096	2,519	50,27	201,06
17	0,0588	289	4,123	4 913	2,571	53,41	226,98
18	0,0556	324	4,242	5 832	2,620	56,55	254,47
19	0,0526	361	4,358	6 859	2,668	59,69	283,53
20	0,0500	400	4,472	8 000	2,714	62,83	314,16
21	0,0476	441	4,582	9 261	2,758	65,97	346,36
22	0,0455	484	4,690	10 648	2,802	69,11	380,13
23	0,0435	529	4,795	12 167	2,843	72,26	415,48
24	0,0417	576	4,898	13 824	2,884	75,40	452,39
25	0,0400	625	5,000	15 625	2,924	78,54	490,87
26	0,0385	676	5,099	17 576	2,962	81,68	530,93
27	0,0370	729	5,196	19 683	3,000	84,82	572,56
28	0,0357	784	5,291	21 952	3,036	87,96	615,75
29	0,0345	841	5,385	24 389	3,072	91,11	660,52
30	0,0333	900	5,477	27 000	3,107	94,25	706,86
31	0,0323	961	5,567	29 791	3,141	97,39	754,77
32	0,0313	1 024	5,656	32 768	3,174	100,53	804,25
33	0,0303	1 089	5,744	35 937	3,207	103,67	855,30
34	0,0294	1 156	5,830	39 304	3,239	106,81	907,92
35	0,0286	1 225	5,916	42 875	3,271	109,96	962,11

Extrait du Formulaire Hospitalier. G. Masson, éditeur.

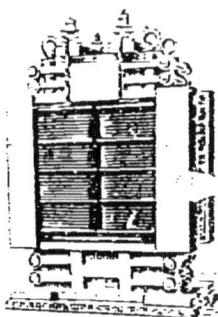

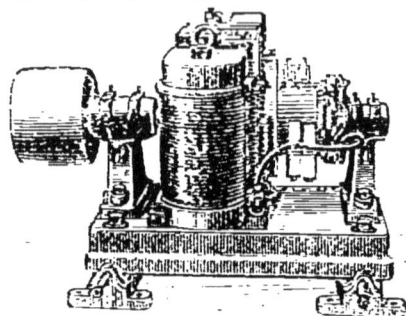

TABLE DES NOMBRES (suite).

n	$\dfrac{1}{n}$	n^2	$\sqrt{n}$	n^3	$\sqrt[3]{n}$	πn	$\dfrac{\pi n^2}{4}$
36	0,0278	1 296	6,000	46 656	3,301	113,10	1 017,88
37	0,0270	1 369	6,082	50 653	3,332	116,24	1 075,21
38	0,0263	1 444	6,164	54 872	3,361	119,38	1 134,11
39	9,0256	1 521	6,244	59 319	3,391	122,52	1 194,59
40	0,0250	1 600	6,324	64 000	3,419	125,66	1 256,64
41	0,0244	1 681	6,403	68 921	3,448	128,80	1 320,25
42	0,0238	1 764	6,480	74 088	3,476	131,95	1 385,44
43	0,0233	1 849	6,557	79 507	3,503	135,09	1 452,20
44	0,0227	1 936	6,633	85 184	3,530	138,23	1 520,53
45	0,0222	2 025	6,708	91 725	3,556	141,37	1 590,43
46	0,0217	2 116	6,782	97 336	3,583	144,51	1 661,90
47	0,0213	2 209	6,855	103 823	3,608	147,65	1 734,94
48	0,0208	2 304	6,928	110 592	3,634	150,80	1 809,56
49	0,0204	2 401	7,000	117 649	3,659	153,94	1 885,74
50	0,0200	2 500	7,071	125 000	3,684	157,08	1 963,49
51	0,0196	2 601	7,141	132 651	3,708	160,22	2 042,82
52	0,0192	2 704	7,211	140 608	3,732	163,36	2 123,72
53	0,0189	2 809	7,280	148 877	3,756	166,50	2 206,18
54	0,0185	2 916	7,348	157 464	3,779	169,65	2 290,21
55	0,0182	3 025	7,416	166 375	3,802	172,79	2 375,83
56	0,0179	3 136	7,483	175 616	3,825	175,93	2 463,01
57	0,0175	3 249	7,549	185 193	3,848	179,07	2 551,76
58	0,0172	3 364	7,615	195 112	3,870	182,21	2 642,08
59	0,0169	3 481	7,681	205 379	3,892	185,35	2 733,97
60	0,0167	3 600	7,745	216 000	3,914	188,50	2 827,43
61	0,0164	3 721	7,810	226 981	3,936	191,64	2 922,47
62	0,0161	3 844	7,874	238 328	3,957	194,78	3 019,07
63	0,0159	3 969	7,937	250 047	3,979	197,92	3 117,24
64	0,0156	4 096	8,000	262 144	4,000	201,06	3 216,99
65	0,0154	4 225	8,062	274 625	4,020	204,20	3 318,31
66	0,0152	4 356	8,124	287 496	4,041	207,34	3 421,19
67	0,0149	4 489	8,185	300 763	4,061	210,49	3 525,65
68	0,0147	4 624	8,246	314 432	4,081	213,63	3 631,68
69	0,0145	4 761	8,306	328 509	4,101	216,77	3 739,28
70	0,0143	4 900	8,366	343 000	4,121	219,91	3 848,45
71	0,0141	5 041	8,426	357 911	4,140	223,05	3 959,19
72	0,0139	5 184	8,485	373 248	4,160	226,19	4 071,50
73	0,0137	5 329	8,544	389 017	4,179	229,34	4 185,39
74	0,0135	5 476	8,602	405 224	4,198	232,48	4 300,84
75	0,0133	5 625	8,660	421 875	4,217	235,62	4 417,86
76	0,0132	5 776	8,717	438 976	4,235	238,76	4 536,46
77	0,0130	5 929	8,774	456 533	4,254	241,90	4 656,62
78	0,0128	6 084	8,831	474 552	4,272	245,04	4 778,36
79	0,0127	6 241	8,888	493 039	4,290	248,19	4 901,67
80	0,0125	6 400	8,944	512 000	4,308	251,33	5 026,55

Extrait du Formulaire Hospitalier. G. Masson, éditeur.

TABLE DES NOMBRES (suite).

n	$\dfrac{1}{n}$	n^2	$\sqrt{n}$	n^3	$\sqrt[3]{n}$	πn	$\dfrac{\pi n^2}{4}$
81	0,0123	6 561	9,000	531 441	4,326	254,47	5 153,00
82	0,0122	6 724	9,055	551 368	4,344	257,61	5 281,02
83	0,0120	6 889	9,110	571 787	4,362	260,75	5 410,56
84	0,0119	7 056	9,165	592 704	4,379	263,89	5 541,77
85	0,0118	7 225	9,219	614 125	4,396	267,03	5 674,50
86	0,0116	7 396	9,273	636 056	4,414	270,18	5 808,80
87	0,0115	7 569	9,327	658 503	4,431	273,32	5 944,68
88	0,0114	7 744	9,380	681 472	4,447	276,46	6 082,12
89	0,0112	7 921	9,433	704 969	4,464	279,60	6 221,14
90	0,0111	8 100	9,486	729 000	4,481	282,74	6 361,72
91	0,0110	8 281	9,539	753 571	4,497	285,88	6 503,88
92	0,0109	8 464	9,591	778 688	4,514	289,03	6 647,61
93	0,0108	8 649	9,643	804 357	4,530	292,17	6 792,91
94	0,0106	8 836	9,695	830 584	4,546	295,31	6 939,78
95	0,0105	9 025	9,746	857 375	4,562	298,45	7 088,22
96	0,0104	9 216	9,797	884 736	4,578	301,59	7 238,23
97	0,0103	9 409	9,848	912 673	4,594	304,73	7 389,81
98	0,0102	9 604	9,899	941 192	4,610	307,88	7 542,96
99	0,0101	9 801	9,949	970 299	4,626	311,02	7 697,69
100	0,0100	10 000	10,000	1 000 000	4,642	314,16	7 853,98
101	0,0099	10 201	10,049	1 030 301	4,657	317,30	8 011,82
102	0,0098	10 404	10,099	1 061 208	4,672	320,40	8 171,30
103	0,0097	10 609	10,148	1 092 727	4,687	323,60	8 332,30
104	0,0096	10 816	10,198	1 124 864	4,702	326,70	8 494,90
105	0,0095	11 025	10,247	1 157 625	4,717	329,90	8 659,03
106	0,0094	11 236	10,295	1 191 016	4,732	333,00	8 824,75
107	0,0093	11 449	10,344	1 225 043	4,747	336,20	8 992,00
108	0,0092	11 664	10,392	1 259 712	4,762	339,30	9 160,90
109	0,0091	11 881	10,440	1 295 029	4,776	342,40	9 331,30
110	0,0090	12 100	10,488	1 331 000	4,791	345,60	9 503,30
111	0,0090	12 321	10,535	1 367 631	4,805	348,70	9 676,90
112	0,0089	12 544	10,583	1 404 928	4,820	351,90	9 852,00
113	0,0088	12 769	10,630	1 442 897	4,834	355,00	10 028,70
114	0,0087	12 996	10,677	1 481 544	4,848	358,10	10 207,00
115	0,0087	13 225	10,723	1 520 875	4,862	361,30	10 386,90
116	0,0086	13 456	10,770	1 560 896	4,877	364,40	10 568,30
117	0,0085	13 689	10,816	1 601 613	4,891	367,60	10 751,30
118	0,0084	13 924	10,862	1 643 032	4,904	370,70	10 935,90
119	0,0084	14 161	10,908	1 685 159	4,918	373,80	11 122,00
120	0,0083	14 400	10,954	1 728 000	4,932	377,00	11 309,70
121	0,0082	14 641	11,000	1 771 561	4,946	380,10	11 499,00
122	0,0082	14 884	11,045	1 815 848	4,959	383,30	11 689,90
123	0,0081	15 129	11,090	1 860 867	4,973	386,40	11 882,30
124	0,0080	15 376	11,135	1 906 624	4,986	389,60	12 076,30
125	0,0080	15 625	11,180	1 953 125	5,000	392,70	12 272,00

Extrait du Formulaire Hospitalier. G. Masson, éditeur.

MATHÉMATIQUES. — PHYSIQUE. — MÉCANIQUE.

QUANTITÉS ET UNITÉS GÉOMÉTRIQUES

Longueur (*L*). — Unité C.G.S. : *Centimètre* (cm) (voy. p. 35).

Unités usuelles ou spéciales :

1 *lieue terrestre*	=	4000	mètres.
1 *mille marin* (knot)	=	1852	—
1 *micron*	=	0,001	millimètre.

En *Angleterre* :

1 *mil* (0,001 pouce)		=	0,00254	centimètre.
1 *pouce*		=	2,54	—
1 *foot* ou *pied*	= 12 pouces	=	30,48	—
1 *yard*	= 3 pieds.	=	91,44	—
1 *fathom*	= 2 yards.	=	182,88	—
1 *statute mile*	= 1760 yards.	=	1609,31	mètres.
1 *nautical mile, knot* ou *nœud*	= 1852,30			—
1 *furlong*	= $\frac{1}{8}$ mile	=	220 yards = 201,17 mètres.

En *Russie*, l'unité est la *sagène* = 2,134 m. La sagène vaut 3 archines; 7 pieds; 48 verschocks; 84 duimes (ou pouces); 840 linia (lignes).

La *Viersta* (verste) = 500 sagènes = 1066,78 m.

Surface (*S*). — Unité C.G.S. : *Centimètre carré* (cm²).

En *Angleterre* :

1 *square-mile*	=	2,59	kilomètres carrés.
1 *acre*	=	4049,89	mètres-carrés.
1 *square-yard*	=	8361,13	centimètres carrés.
1 *square foot*	=	929,01	—
1 *square inch*	=	6,4516	—

Volume (*V*). — Unité C.G.S. : *Centimètre cube* (cm³).

En *Angleterre* :

1 *cubic-inch*	=	16,386	centimètres cubes
1 *cubic-foot*	=	28,316	décimètres cubes
1 *cubic-yard*	=	764,535	—
1 *pint*	=	0,568	—
1 *gallon*	=	4,543	—
1 *tonneau* (tonneau de Moorsom)	=	2,83	mètres cubes.

Extrait du Formulaire Hospitalier. G. Masson, éditeur.

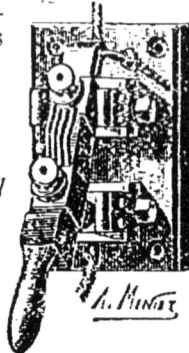

MATHÉMATIQUES. — PHYSIQUE. — MÉCANIQUE.

QUANTITÉS ET UNITÉS MÉCANIQUES

Vitesse (v). — La vitesse est le quotient du chemin parcouru par un mobile par le temps employé à le parcourir. L'unité C. G. S. de vitesse est celle d'un corps se mouvant en ligne droite et d'un mouvement uniforme, et parcourant un centimètre en une seconde. Les dimensions de la vitesse sont $\left[\frac{L}{T}\right]$ ou $[LT^{-1}]$. L'unité C. G. S. de vitesse est le *centimètre par seconde* (cm : s). En pratique, la vitesse s'exprime, suivant les cas, en mètres par seconde, en mètres par minute ou en kilomètres par heure.

Vitesse du son (en mètres par seconde) :

Dans l'air à 0°........................	330,9
— à 10°..........................	337,2
Dans l'eau à 8°.........................	1435,0
Dans la fonte...........................	3480,0

La vitesse du son dans l'air augmente de 62,6 cm par seconde et par degré C.

Vitesse du vent, et pression exercée en kilogrammes par mètre carré :

	Vitesse en m : s.	Pression en kg : m².
Vent frais convenable pour les moulins .	7	6
Vent très fort...............	15	30
Tempête	24	78
Grand ouragan	45	275

Vitesse du cheval :

Au pas.......	100 m par minute.	6	km par heure.
Au trot.......	230 —	13,8	—
Au galop.....	300 —	18	—

Vitesse d'un fantassin :

Pas accéléré ...	115 pas de 75 cm par minute.	86 m par minute.
Pas de route. . .	120 65 —	.90 —
Pas gymnastique.	170 80 —	136 —

Vitesse de la lumière : 300 000 kilomètres par seconde.

Extrait du Formulaire Hospitalier G Masson, éditeur.

DENSITÉS

EN GRAMMES-MASSE PAR CENTIMÈTRE CUBE A 0° C.

Métaux.

Iridium	22,38
Platine	21 à 22
Or	19 à 19,6
Plomb	11,4
Argent	10,5
Bismuth	9,82
Cuivre martelé	8,9
— laminé	8,8
— fondu	8,6
Platinoïde	8,7
Cadmium laminé	8,69
Maillechorts	8,3 à 8,62
Nickel fondu	8,57
Ferro-nickel	8 à 8,4
Laiton fondu	7,8 à 8,4
— en fils	8,54
Bronze d'aluminium	7,7
Acier	7,8 à 7,9
Fer	7,8
Étain	7,3 à 7,5
Zinc	7,19
Fonte	7,0
Sélénium noir	4,8
— rouge	4,5
Aluminium laminé	2,67
Magnésium	1,74
Sodium	0,97
Lithium	0,59

Bois.

Acajou	0,56 à 0,85
Chêne	0,61 à 1,17
Ébène	1,12 à 1,21
Écorce de liège	0,24
Sapin	0,49 à 0,66
Noyer	0,68 à 0,92
Peuplier	0,39 à 0,51
Buis de France	0,91 à 0,98
Buis de Hollande	1,33
Poirier	0,66 à 0,76

Isolants.

Flint	3,0 à 3,5
Crown	2,5
Verre vert	2,64
Ardoise	2,8
Marbre	2,7
Quartz	2,65
Porcelaine	2,15 à 2,3
Soufre octaédrique	2,07
— prismatique	1,97
Ivoire	1,8
Silice	1,7
Poix	1,65
Goudron	1,02
Caoutchouc de Hooper	1,18
Gutta-percha	0,97 à 0,98
Caoutchouc	0,93
Ébonite	1,15
Résine copal	1,05
Cire	0,96
Paraffine	0,87

Liquides.

Mercure	13,596
Brome (à 15°)	2,99
Sulfure de carbone	1,263
Eau de mer	1,026
Eau (à 4°)	1,000
Huile d'olive	0,915
Naphte	0,848
Alcool pur	0,791
Éther	0,716

Substances diverses.

Charbon Carré	1,62
— de cornue	1,91
Diamant	3,50
Coke	1,0 à 1,66
Glace	0,92
Neige non tassée	0,19

Extrait du Formulaire Hospitalier. G. Masson, éditeur.

DENSITÉS

DES SOLUTIONS AQUEUSES D'ACIDE SULFURIQUE A 15° C. (*J. Kolb*).

DEGRÉS BAUMÉ.	DENSITÉS.	100 PARTIES EN POIDS CONTIENNENT		MASSE EN GRAMMES DE H²SO⁴ CONTENUE DANS 1 LITRE DE SOLUTION.	DEGRÉS BAUMÉ.	DENSITÉS.	100 PARTIES EN POIDS CONTIENNENT		MASSE EN GRAMMES DE H²SO⁴ CONTENUE DANS 1 LITRE DE SOLUTION.
		SO³ p. 100.	H²SO⁴ p. 100.				SO³ p. 100.	H²SO⁴ p. 100.	
0	1,000	0,7	0,9	»	34	1,308	32,8	40,2	526
1	1,007	1,5	1,9	19	35	1,320	33,9	41,6	549
2	1,014	2,3	2,8	28	36	1,332	35,1	43,0	573
3	1,022	3,1	3,8	39	37	1,345	36,2	44,4	597
4	1,029	3,9	4,8	49	38	1,357	37,2	45,5	619
5	1,037	4,7	5,8	60	39	1,370	38,3	46,9	642
6	1,045	5,6	6,8	71	40	1,383	39,5	48,3	668
7	1,052	6,4	7,8	82					
8	1,060	7,2	8,8	93	41	1,397	40,7	49,8	696
9	1,067	8,0	9,8	105	42	1,410	41,8	51,2	722
10	1,075	8,8	10,8	116	43	1,424	42,9	52,8	749
					44	1,438	44,1	54,6	777
11	1,083	9,7	11,9	129	45	1,453	45,2	55,4	805
12	1,091	10,6	13,0	142	46	1,468	46,4	56,9	835
13	1,100	11,5	14,1	155	47	1,483	47,6	58,3	864
14	1,108	12,4	15,2	168	48	1,498	48,7	59,6	893
15	1,116	13,2	16,2	181	49	1,514	49,8	61,0	923
16	1,125	14,1	17,3	195	50	1,530	51,0	62,5	956
17	1,134	15,1	18,5	210					
18	1,142	16,0	19,6	224	51	1,540	52,2	64,0	990
19	1,152	17,0	20,8	239	52	1,563	53,5	65,5	1024
20	1,162	18,0	22,2	258	53	1,580	54,9	67,0	1059
					54	1,597	56,0	68,6	1095
21	1,171	19,0	23,3	273	55	1,615	57,1	70,0	1131
22	1,180	20,0	24,5	289	56	1,634	58,4	71,6	1170
23	1,190	21,1	25,8	307	57	1,652	59,7	73,2	1210
24	1,200	22,1	27,1	325	58	1,672	61,0	74,7	1248
25	1,210	23,2	28,4	344	59	1,691	62,4	76,4	1292
26	1,220	24,2	29,6	361	60	1,711	63,8	78,1	1336
27	1,231	25,3	31,0	381					
28	1,241	26,3	32,2	400	61	1,732	65,2	79,9	1384
29	1,252	27,3	33,4	418	62	1,753	66,7	81,7	1432
30	1,263	28,3	34,7	438	63	1,774	68,7	84,1	1492
31	1,274	29,4	36,0	459	64	1,796	70,6	86,5	1554
32	1,285	30,5	37,4	481	65	1,819	73,2	89,7	1632
33	1,297	31,7	38,8	503	66	1,842	81,6	100,0	1842

Extrait du Formulaire Hospitalier. G. Masson, éditeur.

DENSITÉS DES PRINCIPALES SOLUTIONS
(Gerlach, 1869).

CHLORHYDRATE D'AMMONIAQUE AzH⁴Cl.		CHLORURE DE SODIUM NaCl.		CHLORURE DE ZINC ZnCl².		SULFATE DE ZINC $ZnSO^4 + 7H^2O$.		SULFATE DE CUIVRE $CuSO^4 + 5H^2O$.	
Pour 100 en poids.	Densité à 15° C.	Pour 100 en poids.	Densité à 15° C.	Pour 100 en poids.	Densité à 19°,5 C.	Pour 100 en poids.	Densité à 15° C.	Pour 100 en poids.	Densité à 18° C.
1	1,0032	1	1,0073	2	1,020	2	1,013	1	1,0063
2	1,0063	2	1,0145	4	1,037	4	1,024	2	1,0126
3	1,0095	3	1,0217	6	1,053	6	1,035	3	1,0190
4	1,0126	4	1,0290	8	1,072	8	1,047	4	1,0254
5	1,0158	5	1,0362	10	1,091	10	1,059	5	1,0319
6	1,0188	6	1,0437	12	1,110	12	1,073	6	1,0384
7	1,0218	7	1,0511	14	1,128	14	1,085	7	1,0450
8	1,0248	8	1,0585	16	1,146	16	1,097	8	1,0516
9	1,0278	9	1,0659	18	1,165	18	1,110	9	1,0582
10	1,0308	10	1,0734	20	1,186	20	1,124	10	1,0649
11	1,0337	11	1,0810	22	1,207	22	1,137	11	1,0716
12	1,0366	12	1,0886	24	1,228	24	1,150	12	1,0785
13	1,0395	13	1,0962	26	1,249	26	1,164	13	1,0854
14	1,0433	14	1,1033	28	1,270	28	1,179	14	1,0923
15	1,0452	15	1,1115	30	1,291	30	1,193	15	1,0993
16	1,0481	16	1,1194	32	1,316	32	1,209	16	1,1063
17	1,0509	17	1,1273	34	1,340	34	1,224	17	1,1135
18	1,0537	18	1,1352	36	1,366	36	1,240	18	1,1208
19	1,0565	19	1,1432	38	1,392	38	1,255	19	1,1281
20	1,0593	20	1,1511	40	1,420	40	1,271	20	1,1354
21	1,0620	21	1,1593	42	1,446	42	1,288	21	1,1427
22	1,0648	22	1,1676	44	1,473	44	1,304	22	1,1501
23	1,0675	23	1,1758	46	1,500	46	1,320	23	1,1580
24	1,0703	24	1,1840	48	1,533	48	1,337	24	1,1659
25	1,0730	25	1,1923	50	1,566	50	1,353	25	1,1738
26	1,0758	26	1,201	52	1,600	52	1,370	26	1,1817
				54	1,634	54	1,388	27	1,1898
				56	1,669	56	1,406	28	1,1980
				58	1,704	58	1,425	29	1,2063
				60	1,740	60	1,445	30	1,2146

Extrait du Formulaire Hospitalier. G. Masson, éditeur.

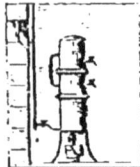

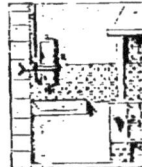

ARÉOMÈTRES BAUMÉ ET BECK POUR LES LIQUIDES PLUS DENSES QUE L'EAU

DENSITÉS CORRESPONDANTES (*Agenda du chimiste*).

DEGRÉS BAUMÉ OU BECK.	DENSITÉS CORRESPONDANTES		DEGRÉS BAUMÉ OU BECK.	DENSITÉS CORRESPONDANTES	
	BAUMÉ.	BECK.		BAUMÉ.	BECK.
o	1,0000	1,0000	37	1,3447	1,2782
1	1,0069	1,0059	38	1,3574	1,2879
2	1,0140	1,0119	39	1,3703	1,2977
3	1,0212	1,0180	40	1,3834	1,3077
4	1,0285	1,0241	41	1,3968	1,3178
5	1,0358	1,0303	42	1,4105	1,3281
6	1,0434	1,0366	43	1,4244	1,3386
7	1,0509	1,0429	44	1,4386	1,3492
8	1,0587	1,0494	45	1,4531	1,3600
9	1,0665	1,0559	46	1,4678	1,3710
10	1,0744	1,0625	47	1,4828	1,3821
11	1,0825	1,0692	48	1,4984	1,3934
12	1,0907	1,0759	49	1,5141	1,4050
13	1,0990	1,0828	50	1,5301	1,4167
14	1,1074	1,0897	51	1,5466	1,4286
15	1,1160	1,0968	52	1,5633	1,4407
16	1,1247	1,1039	53	1,5804	1,4530
17	1,1335	1,1111	54	1,5978	1,4655
18	1,1425	1,1184	55	1,6158	1,4783
19	1,1516	1,1258	56	1,6342	1,4912
20	1,1608	1,1333	57	1,6529	1,5044
21	1,1702	1,1409	58	1,6720	1,5179
22	1,1798	1,1486	59	1,6916	1,5315
23	1,1896	1,1565	60	1,7116	1,5454
24	1,1994	1,1644	61	1,7322	1,5596
25	1,2095	1,1724	62	1,7532	1,5741
26	1,2198	1,1806	63	1,7748	1,5888
27	1,2301	1,1888	64	1,7969	1,6038
28	1,2407	1,1972	65	1,8195	1,6190
29	1,2515	1,2057	66	1,8428	1,6346
30	1,2624	1,2143	67	1,839	1,6505
31	1,2736	1,2230	68	1,864	1,6667
32	1,2849	1,2319	69	1,885	1,6832
33	1,2965	1,2409	70	1,909	1,7000
34	1,3082	1,2500	71	1,935	»
35	1,3202	1,2593	72	1,960	»
36	1,3324	1,2680			

Extrait du Formulaire Hospitalier. G. Masson, éditeur.

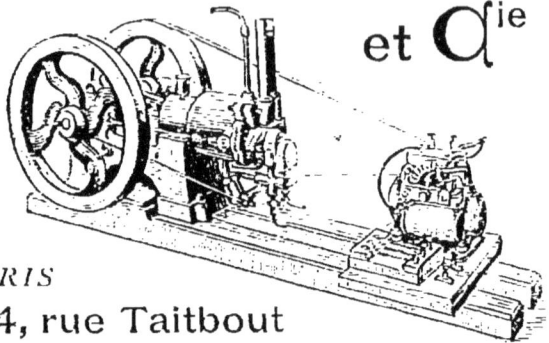

POINTS DE FUSION ET D'ÉBULLITION DES CORPS USUELS
(Les points d'ébullition sont établis à la pression 760 en degrés C.)

SUBSTANCES.	FUSION.	ÉBULLITION.
Acide carbonique.	»	— 78°
— stéarique.	70⁰	»
— sulfureux.	— 79,2	— 10
Acier.	1300 à 1400	»
Alcool absolu.	< — 90	78,3
Aluminium.	625	»
Antimoine	440	»
Argent.	945	»
Arsenic.	210	»
Azotate d'argent.	198	»
Benzine	7	80,8
Beurre.	30	»
Bismuth	265	»
Brome	— 7,5	63
Bronze.	900	»
Cadmium.	320	860
Chlorure de sodium (dissolution saturée)	»	108
Cire jaune	76,2	»
— blanche.	68,7	»
Cuivre.	1054	»
Eau de mer.	— 2,5	103,7
— distillée.	0	100
Essence de térébenthine..	— 10	156,8
Éther sulfurique	— 32	35,5
Fer	1500 à 1600	»
Fonte de fer	1050 à 1200	»
Huile de lin.	— 20	387,5
— d'olive	2,5	»
— de palme.	29	»
Iode.	107	176
Mercure	— 39,5	358
Or à 900/1000°	1180	»
Paraffine.	43,7	370
Pétrole.	»	variable.
Phosphore	44,2	290
Plomb	326	»
Potasse caustique (dissolution saturée)..	»	175
Sélénium.	217	665
Soufre.	114,5	448
Spermaceti.	49	»
Stéarine	61	»
Succin.	288	»
Sucre de canne.	160	»
Suif	33	»
Sulfure de carbone	»	48
Zinc.	415	1040

Extrait du Formulaire Hospitalier. G. Masson, éditeur.

CHALEUR.

Points de fusion des métaux (*Le Châtelier*, 1890). Degrés C

Platine	1775
Palladium	1500
Acier doux	1450
Acier dur	1400
Acier au manganèse	1260
Ferro-nickel	1230
Fonte grise	1220
Fonte blanche	1135

Points de fusion des alliages. (En degrés C.)

Alliage de 800 d'argent et 200 de cuivre	850
— 950 — 50 —	900
Argent fin	954
Alliage de 400 d'argent et 600 d'or	1020
Or fin	1075
Alliage de 950 or et 50 platine	1100
— 900 — 100 —	1130
— 850 — 150 —	1160
— 800 — 200 —	1190
— 750 — 250 —	1220
— 700 — 300 —	1255
— 600 — 400 —	1320
— 500 — 500 —	1385

ÉVALUATION DES TEMPÉRATURES ÉLEVÉES
PAR LA COULEUR DU PLATINE, EN DEGRÉS CENTIGRADES (*Pouillet*).

COULEUR DU PLATINE.	TEMPÉRATURE CORRESPONDANTE.	COULEUR DU PLATINE.	TEMPÉRATURE CORRESPONDANTE.
Rouge naissant	525	Orangé foncé	1100
Rouge sombre	700	Orangé clair	1200
Cerise naissant	800	Blanc	1300
Cerise	900	Blanc soudant	1400
Cerise clair	1000	Blanc éblouissant	1500

Points d'ébullition. (En degrés C.)

Ébullition de la naphtaline	218
— du mercure	360
— du soufre	448
Fusion du sulfate de potasse	1045

Extrait du Formulaire Hospitalier. G. Masson, éditeur.

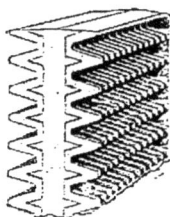

MATHÉMATIQUES. — PHYSIQUE. — MÉCANIQUE.

Pouvoir calorifique des combustibles (A. Witz).

Charbon de Cardiff 4 pour 100 de cendres		8700	calories (g-d) par g.
Anthracite de Swansea à 4,5 pour 100 de cendres. .		8500	—
Coke de Nœux 6 pour 100 de cendres.		7300	—
Charbon de bois fortement calciné.		8080	—
Charbon de bois ordinaire.		7000	—
Graphite des hauts fourneaux		7762	—
Tannée (48 °/₀ d'eau et 10 °/₀ de cendres)		1356	—
Bois sec	3600 à	3800	—
Bois ordinaire	2400 à	2500	—
Tourbe sèche.	4800 à	5600	—
Tourbe ordinaire	3000 à	3700	—
Alcool.		7183	—
Esprit de bois		5307	—
Huile de pétrole.	10600 à	11000	—
Huile lourde (D =1,044)		8900	—

Hydrogène pur et gaz d'éclairage (A. Witz). — Les gaz de la pile, c'est-à-dire obtenus par électrolyse de l'eau distillée rendue conductrice par l'acide phosphorique présentent les chaleurs de combustion suivantes :

A volume constant . . .   34165 calories (g.-d.) par gramme d'hydrogène.
A pression constante . .   34450   —   —

En diluant les gaz avec 3 volumes d'oxygène ou d'acide carbonique, la combustion est incomplète, et les expériences donnent, à volume constant :

Avec 3 volumes d'oxygène. . . . .   33729 calories (g.-d).
    —   d'acide carbonique . . .   33394   —

Le pouvoir calorifique moyen du gaz d'éclairage bien épuré est, à volume constant, d'environ 5200 calories (kg-d) par mètre cube à 0° C. et à la pression 760 mm, la vapeur d'eau formée étant entièrement condensée. Il peut osciller, dans une même année et pour une même usine, entre 4719 et 5425 calories 1 kg de houille à gaz produit 300 litres de gaz de ville. 5200 calories représentent 6 kilowatts-heure.

La densité du gaz d'éclairage étant de 0,517 g/cm³, sa puissance calorifique est, en moyenne, de 11192 calories (g-d) par gramme. Il faut 5,15 m³ d'air pour brûler 1 m³ de gaz de ville.

Gaz Dowson (A. Witz. 1891). — A volume constant, vapeur d'eau condensée, pression 76 cm de mercure, le pouvoir calorifique du gaz Dowson est de 1487 calories (kg-d) par m³, ou 1680 watts-heure par m³.

Extrait du Formulaire Hospitalier, G. Masson, éditeur.

CONSOMMATION ET CHALEUR
DÉGAGÉE PAR LES PRINCIPAUX ILLUMINANTS

ILLUMINANTS.	CONSOMMATION HORAIRE PAR BEC-CARCEL.	CHALEUR DÉGAGÉE EN CALORIES (KG.-D.) PAR CARCEL-HEURE.	VOLUME DE CO_2 EN LITRES.
Bec bougie à gaz.	200 l	1040	140
Bougie de l'Étoile	70 g	700	39
Bec papillon à gaz	127 l.	660	84
Bec Beugel	105 l	546	71
Bec de gaz à verre, forte con- sommation.	90 l	468	61
Lampe à l'huile.	42 g	420	58,5
Lampe à pétrole.	39 g	390	48
Lampe à gaz à récupération de faible puissance.	50 l	260	33,9
Lampe à gaz à récupération de grande puissance.	30 l	156	29,3
Lampe à incandescence. . . .	30 watts-heure.	25	0

DENSITÉS DES GAZ ET DES VAPEURS

à o° C. et à la pression de 10^6 dynes par cm² (1 barie).

GAZ.	FORMULE ATOMIQUE.	DENSITÉ EN GRAMMES PAR DM³.	VOLUME DE 1 GRAMME EN CM³.	MASSE RELATIVE À CELLE DE L'AIR.
Air	»	1,2579	783,8	1,00
Oxygène	O_2	1,4107	708,9	1,11
Azote..	Az_2	1,2393	806,9	0,97
Hydrogène	H_2	0,08837	11 316,0	0,069
Acide carbonique . .	CO_2	1,9509	512,6	1,52
Oxyde de carbone. .	CO	1,2179	821,1	0,97
Gaz des marais. .	CH_4	0,7173	1 394,1	0,57
Chlore.	Cl_2	3,0909	323,5	2,43
Protoxyde d'azote .	Az_2O	1,9433	514,6	1,53
Bioxyde d'azote. .	AzO	1,3254	754,5	1,04
Acide sulfureux. . .	SO_2	2,6990	370,5	2,21
Cyanogène	CAz	2,2990	435,0	1,81
Gaz oléfiant. . . .	C_2H_4	1,2529	798,1	0,99
Ammoniaque	AzH_3	0,7594	1 316,8	0,60
Vapeur d'eau. . . .	H_2O	0,0800		0,62

Extrait du Formulaire Hospitalier, G. Masson, éditeur.

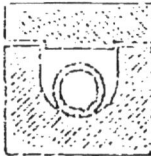

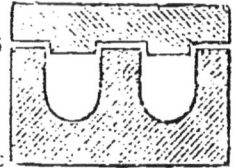

RÉSISTANCE DES MATÉRIAUX

Tableau des coefficients d'élasticité des principales substances en kg par mm².

MATIÈRES.	CHARGE PRATIQUE.			CHARGE LIMITE D'ÉLASTICITÉ.			CHARGE DE RUPTURE.			COEFFICIENT D'ÉLASTICITÉ.		ALLONGEMENT PROPORTIONNEL A LA LIMITE D'ÉLASTICITÉ
	Tract.	Comp.	Cisail.	Tract.	Comp.	Cisail.	Tract.	Comp.	Cisail.	Tract. et comp.	Cisail.	Traction.
Fer	7,0	7,0	6,0	14,0	14,0	10,5	40,0	35	35	20 000	7500,0	0,0007
Tôle	7,0	7,0	6,0	14,0	14,0	10,5	35,0	30	»	17 500	6562,0	0,0008
Fil de fer. . . .	12,0	»	»	22,0	»	»	65,0	»	»	20 000	7500,0	0,0012
Fonte	2,5	7,0	2,0	7,5	15,0	5,6	12,5	75	20	10 000	3750,0	0,00075
Acier cémenté . .	13,0	13,0	10,0	27,0	»	20,0	75,0	»	50	22 500	8440,0	0,0012
Acier fondu. . .	30,0	30,0	22,0	60,0	»	45,0	100,0	»	65	27 500	10313,0	0,0022
Fil d'acier	19,2	»	»	»	»	»	115,0	»	»	28 000	»	»
Cuivre (écroui .	6,6	6,6	5,0	14,0	14,0	10,5	»	»	»	10 700	4012,0	0,0013
laminé (recuit .	2,5	2,0	1,5	3,0	2,75	2,0	21,0	41	»	10 700	4012,0	0,00027
Fil de cuivre . . .	6,6	»	»	12,0	»	»	42,0	»	»	12 000	»	0,001
Laiton.	2,5	»	1,9	4,85	»	3,64	12,4	7,3	»	6 400	2400,0	0,00076
Fil de laiton . . .	6,6	»	5,0	13,3	»	»	36,5	»	»	9 870	»	0,00135
Bronze (8 cui., 1 ét)	2,0	»	1,5	3,0	»	3,25	25,6	»	»	9 500	2580,0	0,00063
Zinc coulé . . .	»	»	»	2,3	»	»	5,26	»	»	9 500	3562,0	0,00024
Plomb. . . .	»	»	»	1,05	»	»	1,3	5	»	500	187,5	0,00210
Fil de plomb . . .	»	»	»	0,47	»	»	2,2	»	»	700	262,5	0,00067
Étain	»	»	»	»	»	»	3,5	»	»	4 000	1500,0	»
Aluminium. . . .	»	»	»	»	»	»	20,3	»	»	6 050	2531,0	»

SOCIÉTÉ GÉNÉRALE
DES
INDUSTRIES ÉCONOMIQUES
40, Rue Laffitte
PARIS

MOTEUR CHARON

LE PLUS ÉCONOMIQUE
DE TOUS LES MOTEURS A GAZ CONNUS

Consommation de Gaz 500 litres par Cheval-heure à partir de 8 Chevaux

ÉCONOMIE 50 %

la Consommation de chaque Moteur vendu est garantie sur facture

ÉCLAIRAGE ÉLECTRIQUE FORCE MOTRICE A DOMICILE PAYABLE PAR AMORTISSEMENT MENSUEL

MELEZ.

GRAND PRIX à l'Exposition Univ.^{le} de Lyon 1894

ÉLECTROTECHNIQUE

CONDUCTEURS et RÉSISTANCES

RÉSISTANCE DES MÉTAUX ET ALLIAGES USUELS

A LA TEMPÉRATURE DE 0° C. EN UNITÉS LÉGALES

NATURE DES CONDUCTEURS.	RÉSISTANCE SPÉCIFIQUE EN MICROHMS-CENTIMÈTRES. (a)	RÉSISTANCE DE 1 MÈTRE PESANT 1 GRAMME. (a')	RÉSISTANCE DE 100 MÈTRES DE 1 MILLIMÈTRE DE DIAMÈTRE. (a")	ACCROISSEMENT DE RÉSISTANCE PAR DEGRÉ CENTIGRADE VERS 20° C. (a)
		Ohms.	Ohms.	
Argent recuit.	1,492	0,1517	1,899	0,00377
— écroui.	1,620	0,1650	2,062	0,00385
Cuivre recuit.	1,584	0,1415	2,017	0,00388
— écroui.	1,621	0,1443	2,063	0,00410
Or recuit.	2,041	0,4007	2,598	0,00365
— écroui.	2,077	0,4076	2,645	»
Aluminium recuit. . . .	2,889	0,0743	3,679	0,0039
Zinc comprimé	5,580	0,3995	7,105	0,00365
Platine recuit.	8,981	1,9250	11,435	0,00247
Fer recuit	9,636	0,7518	12,270	0,0050
Nickel recuit.	12,356	1,0520	15,730	0,0050
Ferro-nickel recuit . .	78,300	1,0140	99,694	0,00093
Étain comprimé.	13,103	0,9564	16,680	0,00365
Plomb comprimé	19,465	2,2170	24,780	0,00387
Antimoine comprimé . .	35,210	2,3700	44,830	0,00389
Bismuth comprimé. . . .	130,100	12,8000	165,600	0,00354
Mercure liquide.	94,340	12,8260	120,120	0,00072
Alliage 2Pt + 1Ag . . .	24,187	2,9070	30,780	0,00031
— 2Au + 1Ag.. . .	10,776	1,6380	13,720	0,00065
— 9Pt + 1Ir . . .	21,633	4,6510	27,540	0,00133
Maillechort.	20,760	1,8170	26,43	0,00044

Extrait du Formulaire Hospitalier. G. Masson, éditeur.

RÉSISTANCE DES FILS DE CUIVRE PUR RECUIT EN OHMS LÉGAUX A 0° C.

(Tableau dressé par un Comité spécial de la *National Electric Light Association* et approuvé au meeting de Boston, le 9 août 1887.)

DIAMÈTRE EN MILLIMÈTRES.	SECTION EN MILLIMÈTRES CARRÉS.	POIDS EN GRAMMES PAR MÈTRE.	LONGUEUR EN MÈTRES PAR KILOGRAMME.	RÉSISTANCE EN OHMS PAR KILOMÈTRE.	LONGUEUR EN KILOMÈTRES PAR OHM.	RÉSISTANCE EN OHMS PAR KILOGRAMME.
0,1	0,0079	0,0699	14 306,0	2034,2	0,00049	29100
0,2	0,0314	0,2796	3 576,5	508,23	0,00197	1817
0,3	0,0707	0,6291	1 589,6	226,02	0,00442	359,28
0,4	0,1257	1,1184	894,13	127,14	0,00787	113,68
0,5	0,1963	1,7475	572,24	81,367	0,01229	46,56
0,6	0,2827	2,5164	397,39	56,504	0,01770	22,45
0,7	0,3848	3,4251	291,96	41,514	0,02409	12,12
0,8	0,5027	4,4736	223,53	31,784	0,03146	7,11
0,9	0,6362	5,6619	176,62	25,113	0,03982	4,43
1,0	0,7854	6,990	143,06	20,342	0,04916	2,91
1,1	0,9503	8,458	118,23	16,811	0,05551	1,98
1,2	1,1310	10,066	99,348	14,126	0,07079	1,40
1,3	1,3273	11,813	84,651	12,036	0,08308	1,02
1,4	1,5394	13,700	72,990	10,378	0,09635	0,757
1,5	1,7671	15,728	63,582	9,0407	0,11061	0,574
1,6	2,0106	17,895	55,883	7,9460	0,12585	0,445
1,7	2,2698	20,201	49,502	7,0386	0,14207	0,348
1,8	2,5447	22,648	44,155	6,2783	0,15928	0,277
1,9	2,8353	25,234	39,629	5,6348	0,17747	0,223
2,0	3,1416	27,960	35,765	5,0854	0,19664	0,1817
2,1	3,4636	30,826	32,440	4,6126	0,21680	0,1500
2,2	3,8013	33,832	29,558	4,2028	0,23794	0,1240
2,3	4,1548	36,977	27,044	3,8453	0,26006	0,1040
2,4	4,5239	40,263	24,837	3,5315	0,28316	0,0875
2,5	4,9087	43,688	22,890	3,2547	0,30725	0,0745
2,6	5,3093	47,253	21,163	3,0091	0,33232	0,0635
2,7	5,7256	50,957	19,624	2,7904	0,35838	0,0547
2,8	6,1575	54,802	18,248	2,5946	0,38542	0,0472
2,9	6,6052	58,786	17,011	2,4188	0,41344	0,0411
3,0	7,0686	62,910	15,896	2,2550	0,44346	0,0359

Extrait du Formulaire Hospitalier. G. Masson, éditeur.

RÉSISTANCE DES FILS DE CUIVRE PUR RECUIT (suite)

DIAMÈTRE EN MILLIMÈTRES.	SECTION EN MILLIMÈTRES CARRÉS.	POIDS EN GRAMMES PAR MÈTRE.	LONGUEUR EN MÈTRES PAR KILOGRAMME.	RÉSISTANCE EN OHMS PAR KILOMÈTRE.	LONGUEUR EN KILOMÈTRES PAR OHM.	RÉSISTANCE EN OHMS PAR KILOGRAMME.
3,1	7,5477	67,174	14,887	2,1167	0,47243	0,0315
3,2	8,0425	71,578	13,971	1,9865	0,50340	0,0278
3,3	8,5530	76,122	13,137	1,8679	0,53535	0,0244
3,4	9,0792	80,805	12,375	1,7597	0,56829	0,0216
3,5	9,6211	85,628	11,678	1,6605	0,60221	0,0193
3,6	10,1788	90,591	11,039	1,5696	0,63712	0,0172
3,7	10,7521	95,694	10,451	1,4859	0,67300	0,0154
3,8	11,3412	100,94	9,907	1,4087	0,70987	0,0139
3,9	11,9459	106,32	9,406	1,3374	0,74773	0,0125
4,0	12,5664	111,84	8,941	1,2714	0,78656	0,0114
4,1	13,2025	117,50	8,510	1,2101	0,82638	0,0103
4,2	13,8544	123,30	8,110	1,1532	0,86719	0,00933
4,3	14,5220	129,24	7,737	1,1001	0,90897	0,00851
4,4	15,2053	135,33	7,390	1,0507	0,95174	0,00776
4,5	15,9043	141,55	7,065	1,0045	0,99549	0,00710
4,6	16,6190	147,91	6,761	0,96133	1,0402	0,00650
4,7	17,3494	154,41	6,476	0,92085	1,0859	0,00596
4,8	18,0956	161,05	6,209	0,88289	1,1327	0,00548
4,9	18,8574	167,83	5,958	0,84722	1,1803	0,00505
5,0	19,6350	174,75	5,722	0,81367	1,2290	0,00465
5,1	20,4282	181,81	5,500	0,78207	1,2787	0,00430
5,2	21,2372	189,01	5,291	0,75055	1,3324	0,00397
5,3	22,0618	196,35	5,093	0,72416	1,3809	0,00369
5,4	22,9022	203,83	4,917	0,69759	1,4335	0,00343
5,5	23,7583	211,45	4,729	0,67245	1,4871	0,00308
5,6	24,6301	219,21	4,562	0,64865	1,5417	0,00296
5,7	25,5176	227,11	4,403	0,62609	1,5972	0,00276
5,8	26,4208	235,14	4,253	0,60489	1,6537	0,00257
5,9	27,3397	243,32	4,110	0,58436	1,7113	0,00240
6,0	28,2743	251,64	3,974	0,56505	1,7697	0,00224
6,1	29,2247	260,10	3,845	0,54607	1,8292	,00210
6,2	30,1907	268,70	3,722	0,52918	1,8897	0,00197
6,3	31,1725	277,43	3,605	0,51251	°,9512	0,00184

Extrait du Formulaire Hospitalier. G. Masson, éditeur.

RÉSISTANCE DES FILS DE CUIVRE PUR RECUIT (suite)

DIAMÈTRE EN MILLIMÈTRES.	SECTION EN MILLIMÈTRES CARRÉS.	POIDS EN GRAMMES PAR MÈTRE.	LONGUEUR EN MÈTRES PAR KILOGRAMME.	RÉSISTANCE EN OHMS PAR KILOMÈTRE.	LONGUEUR EN KILOMÈTRES PAR OHM.	RÉSISTANCE EN OHMS PAR KILOGRAMME.
6,4	32,1699	286,31	3,493	0,49662	2,0136	0,00175
6,5	33,1831	295,33	3,386	0,48146	2,0770	0,00163
6,6	34,2120	304,49	3,284	0,46697	2,1414	0,00153
6,7	35,2565	313,78	3,187	0,45314	2,2068	0,00144
6,8	36,3168	323,22	3,087	0,43992	2,2732	0,00136
6,9	37,3930	332,80	3,005	0,42726	2,3405	0,00128
7,0	38,4845	342,51	2,920	0,41514	2,4088	0,00121
7,1	39,5928	352,37	2,838	0,40352	2,4782	0,00115
7,2	40,7150	362,36	2,760	0,39239	2,5485	0,00108
7,3	41,8539	372,50	2,685	0,38172	2,6197	0,00102
7,4	43,0085	382,78	2,613	0,37138	2,6926	0,000969
7,5	44,1786	393,19	2,545	0,36163	2,7653	0,000914
7,6	45,3646	403,74	2,477	0,35218	2,8395	0,000873
7,7	46,5663	414,44	2,413	0,34309	2,9147	0,000827
7,8	47,7836	425,27	2,351	0,33435	2,9909	0,000785
7,9	49,167	436,25	2,292	0,32594	3,0681	0,000747
8,0	50,2655	447,36	2,235	0,31784	3,1463	0,000711
8,1	51,5300	458,62	2,181	0,31004	3,2254	0,000676
8,2	52,8102	470,01	2,128	0,30252	3,3055	0,000645
8,3	54,1061	481,54	2,077	0,29528	3,3866	0,000614
8,4	55,4177	493,22	2,028	0,28829	3,4687	0,000585
8,5	56,7450	505,03	1,980	0,28155	3,5518	0,000558
8,6	58,0881	516,98	1,934	0,27504	3,6359	0,000531
8,7	59,4468	529,08	1,890	0,26875	3,7209	0,000508
8,8	60,8212	541,31	1,847	0,26268	3,8070	0,000487
8,9	62,2114	533,68	1,806	0,25681	3,8940	0,000465
9,0	63,6173	566,19	1,766	0,25113	3,9820	0,000443
9,1	65,0388	578,85	1,728	0,24564	4,0710	0,000426
9,2	66,4761	591,64	1,690	0,24033	4,1609	0,000406
9,3	67,9291	604,57	1,654	0,23519	4,2519	0,000397
9,4	69,3978	617,64	1,619	0,23021	4,3438	0,000373
9,5	70,8822	630,85	1,585	0,22539	4,4367	0,000357
9,6	72,3823	644,20	1,552	0,22072	4,5306	0,000341
9,7	73,8981	657,69	1,521	0,21620	4,6255	0,000329
9,8	75,4297	671,32	1,490	0,21180	4,7213	0,000316
9,9	76,9769	685,09	1,460	0,20755	4,8182	0,000304
10,0	78,5398	699,00	1,431	0,20342	4,9160	0,000291

Extrait du Formulaire Hospitalier. G. Masson, éditeur.

CONDUCTEURS ET RÉSISTANCES.

Charbons à lumière. — *Charbon Carré.* 7000 microhms-cm à 15⁰ C. avec 25 à 30 pour 100 de variations en plus ou en moins.

Expériences de M. *Joubert.* — Résistance spécifique : 3927 microhms-cm à 20⁰ C.

La résistance *diminue* lorsque la température augmente. Entre 0⁰ et 100⁰ C., le coefficient de température est de 0,00052.

RÉSISTANCE DES CRAYONS DE CHARBON CYLINDRIQUES PAR MÈTRE COURANT

DIAMÈTRE EN MILLIMÈTRES.	RÉSISTANCE EN OHMS.	DIAMÈTRE EN MILLIMÈTRES.	RÉSISTANCE EN OHMS.
1	50	8	0,781
2	12,5	10	0,500
3	5,55	12	0,348
4	3,125	15	0,222
5	2,000	18	0,154
6	1,390	20	0,125

Charbon de cornue. — Résistance spécifique : 66 750 microhms-cm environ.

Graphite. — Très variable ; entre 2400 et 42 000 microhms-cm.

Charbons Gauduin (Mignon et Rouart). — Résistance spécifique : 8543 microhms-cm. De 0⁰ à 100⁰ C. la résistance diminue de 4 pour 100.

La galvanisation des charbons dans les conditions ordinaires réduit leur résistance au tiers environ de sa valeur primitive.

Métalloïdes. — *Sélénium cristallisé.* Résistance spécifique à 0⁰ C. : 60 000 ohms-cm.

Phosphore rouge : 132 ohms-cm à 20⁰.

Tellure : 0,213 ohm-cm à 20⁰.

Soufre (J. *Monckman*, 1889).

Soufre pur à 140⁰ C...........	0,56 mégohm-cm.
— 260⁰ C............	510 —
Soufre en canons du commerce à 140⁰ C..	0,16 —
— 125⁰ C..	0,005 —

Bore (*Moissan* 1892) : 801 mégohms-cm.

Extrait du Formulaire Hospitalier. G. Masson, éditeur.

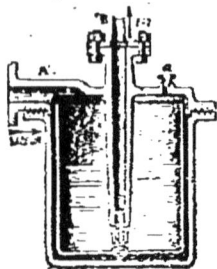

ÉLECTROTECHNIQUE.

LIQUIDES

Résistances spécifiques à 14° et 24°, en ohms-cm. (*Blavier.*)

	14°	24°
Dissolution de sulfate de cuivre (8 °/₀)	15,7	37,1
— — (28 °/₀) . . .	24,7	18,8
— saturée de sulfate de zinc	21,5	17,8

Eau acidulée sulfurique (*Fleming-Jenkin*).

DENSITÉ à 15° C.	QUANTITÉ DE H²SO⁴ EN POUR 100.	TEMPÉRATURES EN DEGRÉS C.							
		0.	4.	8.	12.	16.	20.	24.	28.
1,1	15	1,37	1,17	1,04	0,925	0,845	0,786	0,737	0,709
1,2	27	1,33	1,11	0,926	0,792	0,666	0,567	0,486	0,411
1,25	33	1,31	1,09	0,896	0,743	0,624	0,509	0,434	0,358
1,30	40	1,36	1,13	0,94	0,790	0,622	0,561	0,472	0,394
1,40	50	1,69	1,47	1,30	1,16	1,05	0,964	0,896	0,839
1,50	60	2,74	2,41	2,13	1,89	1,72	1,61	1,52	1,43
1,60	68	4,82	4,16	3,62	3,11	2,75	2,46	2,21	2,02
1,70	77	9,41	7,67	6,23	5,12	4,23	3,57	3,07	2,71

Résistance spécifique de l'eau acidulée sulfurique employée dans les accumulateurs, en ohms-cm à 17° C. (*G. Roux*, 1889.)

VOLUMES D'EAU MÉLANGÉS A 1 VOLUME D'ACIDE.	DEGRÉ BAUMÉ.	DENSITÉ	POIDS EN GRAMMES D'ACIDE PAR LITRE.	QUANTITÉ POUR 100 EN POIDS D'ACIDE NORMAL.	RÉSISTANCE SPÉCIFIQUE EN OHMS-CM.	F. É. M. D'UN ACCUMULATEUR PLANTÉ EN VOLTS.
4	26,2	1,222	387	31,68	0,825	2,105
4,5	24,0	1,200	351	29,24	0,853	2,085
5	22,3	1,183	321	27,1	0,882	2,065
5,5	20,7	1,169	296	25,24	0,911	2,050
6	19,7	1,158	273,8	23,63	,940	2,035
6,5	18,7	1,149	255,4	22,22	0,970	2,022
7	17,8	1,141	239,3	20,97	1,010	2,01
7,5	17,0	1,134	225,1	19,85	1,040	2,000
8	16,2	1,127	212,5	18,85	1,072	1,992
8,5	15,3	1,120	201	17,94	1,095	»
9	14,7	1,113	190,5	17,11	1,125	»

Extrait du Formulaire Hospitalier. G. Masson, éditeur.

LIQUIDES.

RÉSISTANCE SPÉCIFIQUE DE L'ACIDE AZOTIQUE

(Densité = 1,36). — (Température en degrés C.) — Ohms-centimètre.

2°. . . .	1,94	8° . . .	1,65	16° . . .	1,39	24° . . .	1,22
4°. . . .	1,83	12° . . .	1,50	20° . . .	1,30	28° . . .	1,18

RÉSISTANCE SPÉCIFIQUE DE SOLUTIONS AQUEUSES A 18° C.

(Kohlrausch)

RICHESSE DE LA SOLUTION EN POUR 100.	DENSITÉ EN G MASSE PAR CM³.	RÉSISTANCE SPÉCIFIQUE EN OHMS-CM.	RICHESSE DE LA SOLUTION EN POUR 100.	DENSITÉ EN G.-MASSE PAR CM³.	RÉSISTANCE SPÉCIFIQUE EN OHMS-CM.
Potasse caustique.			Chlorure de sodium.		
			5,0	1,03	15,00
4,2	1,04	6,90	10,0	1,07	7,66
8,4	1,08	3,69	15,0	1,11	6,15
16,8	1,16	2,21	20,0	1,15	5,16
25,2	1,24	1,86	25,0	1,19	4,72
29,4	1,29	1,85	26,4	1,20	4,68
33,6	1,33	1,88	Sulfate de zinc.		
42,0	1,43	2,54	5,0	1,05	52,1
			10,0	1,11	31,1
Soude caustique.			15,0	1,17	24,1
			20,0	1,23	21,5
2,5	1,03	9,26	23,7	1,25	20,87
5,0	1,06	5,12	25,0	1,30	20,9
10,0	1,11	3,22	50,0	1,38	22,6
15,0	1,17	2,90	Sulfate de cuivre.		
20,0	1,23	3,08			
25,0	1,28	3,71	2,5	1,02	92,5
30,0	1,34	4,99	5,0	1,05	53,3
35,0	1,39	6,70	10,5	1,11	31,4
40,0	1,44	8,70	15,0	1,17	23,9
42,0	1,46	9,44	17,5	1,20	21,9

Extrait du Formulaire Hospitalier. G. Masson, éditeur.

ISOLANTS.

Résistance spécifique des principaux liquides isolants à 18° C. (*Edison.*) — Ces chiffres ne sont qu'approximatifs et varient considérablement d'un échantillon à l'autre, suivant pureté.

	Mégohms-centimètre.
Huile de goudron de bois	1 670 000 000
Ozokérite naturelle.	450 000 000
Acide stéarique.	350 000 000
Cire de paraffine	110 000 000
Benzine	14 000 000
Huile lourde de paraffine	8 000 000
Huile d'olive.	1 000 000
Huile de lard.	350 000
Baume de copahu.	211 000
Benzol.	1 320
Créosote.	5,4
Huile de spermaceti	0,077

Papier. — Le papier et le carton ont une résistance spécifique extrêmement grande, dont la valeur varie beaucoup avec la nature des différents échantillons examinés. (*F. Uppenborn*, 1889.)

Pression en kg par cm².	Résistance spécifique en millions de mégohms-centimètre.		
	Carton ordinaire.	Papier gris ordinaire du commerce.	Papier parchemin jaune.
0	4850	3100	30500
1	2430	2700	3770
2	2430	2500	2830
5	1580	1600	1940
10	1054	1320	1350
20	467	800	880

Résistance d'isolement des appareils industriels. — D'après les expériences faites sur les appareils construits ou employés par la Compagnie continentale Edison. (*R. V. Picou*, 1887.)

Machine de 125 volts 800 ampères de la Compagnie française Edison	0,1	mégohm.
Machine alternative W₃ Zipernowsky, construite par la même Compagnie.	3,14	mégohms.
Interrupteur double sur porcelaine	2000	—
— sur terre cuite.	2,5	—
Coupe-circuit en bois (hêtre).	79,6	—
Résistance d'une pièce de bois de sapin de 10 cm² de section et 20 cm de longueur, dans le sens des fibres du bois.	11	—
La même, après peinture à base d'amiante. . .	0,4	—

Extrait du Formulaire Hospitalier. G. Masson, éditeur.

ÉQUIVALENTS CHIMIQUES ET ÉLECTROCHIMIQUES. (*Lord Rayleigh, Roscoe et G. B. Prescott.*)

Extrait du Formulaire Hospitalier, G. Masson, éditeur.

NOM DES CORPS	POIDS ATOMIQUE.	ÉQUIVALENT CHIMIQUE *c.*	ÉQUIVALENT ÉLECTROCHIMIQUE EN MILLIGRAMMES PAR COULOMB *z.*	NOMBRE DE COULOMBS NÉCESSAIRES POUR LIBÉRER 1 GRAMME.	MASSE ENGAGÉE PAR AMPÈRE-HEURE EN GRAMMES.
Hydrogène	1	1	0,010384	96293,00	0,03738
Potassium	39,04	39,04	0,40539	2467,50	1,45950
Sodium	22,99	22,99	0,23873	4188,90	0,85942
Aluminium	27,3	9,1	0,09449	10583,00	0,34018
Magnésium	23,94	11,97	0,12430	8040,00	0,44747
Or	196,2	65,4	0,67911	1473,50	2,44480
Argent	107,66	107,66	1,11800	894,41	4,02500
Cuivre (cuprique)	63	31,5	0,32709	3058,60	1,17700
— (cupreux)	63	63	0,65419	1525,30	2,35500
Mercure (mercurique)	199,8	99,9	1,03740	963,99	3,73450
— (mercureux) . . .	199,8	199,8	2,07470	481,99	7,46900
Étain (stannique)	117,8	29,45	0,30581	3270,00	1,10090
— (stanneux)	117,8	58,9	0,61162	1635,00	2,20180
Fer (ferrique)	55,9	18,64	0,19356	5166,40	0,69681
— (ferreux)	55,9	27,95	0,29035	3445,50	1,04480
Nickel	58,6	29,3	0,30425	3286,80	1,09530
Zinc	64,9	32,45	0,33696	2967,12	1,21330
Plomb	206,4	103,2	1,07160	933,26	3,85780
Oxygène	15,96	7,98	0,08286	»	»
Chlore	35,37	35,37	0,36728	»	»
Iode	126,53	126,53	1,313 0	»	»
Brome	79,75	79,75	0,82812	»	»
Azote	14,01	4,67	0,04840	»	»

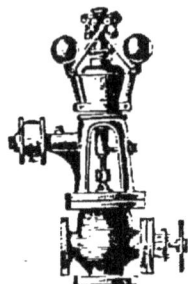

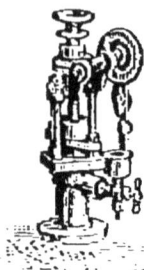

ÉLECTROTECHNIQUE.

Électrolyse de l'eau. — *Masses et volumes de gaz libérés par :*

	1 coulomb.		1 ampère-heure.
	Masse en microgrammes.	Volumes en cm³ à 0° C. et à la pression de 76 cm de mercure.	Masse en milligrammes.
Hydrogène	10,36	0,1158	37,30
Oxygène.	82,90	0,0579	298,14
Gaz mélangés. . . .	93,26	0,1737	335,74

TABLEAU DES FORCES ÉLECTROMOTRICES DE POLARISATION

DES PRINCIPAUX COMPOSÉS CHIMIQUES EMPLOYÉS EN ÉLECTROCHIMIE

(*Vogel et Rössing*).

SUBSTANCES DÉCOMPOSÉES	SUBSTANCES SÉPARÉES	VALENCE	CHALEUR DE COMBINAISON	FORCE ÉLECTROMOTRICE
			calories g-d	volts
H^2O.	H^2,O.	2	68 400	1,182
HCl.	H,Cl.	1	22 000	0,994
$HClaq$.	H,Cl,aq.	1	39 315	1,704
H^2SO^4. . . .	SO^2,O,H^2O. . . .	2	53 480	1,159
Na^2Cl^2 . . .	Na^2,Cl^2.	2	195 380	4,235
Na^2Cl^2. . . .	Na^2,Cl^2.	2	193 020	4,184 (dissous).
$ZnCl^2$.	Zn,Cl^2.	2	97 200	2,107
$ZnCl^2$. . . .	Zn,Cl^2.	2	99 950	2,167 (dissous).
Ag^2Cl^2. .	Ag^2,Cl^2. . . .	2	58 760	1,274
Cu^2O. . . .	Cu^2,O.	2	40 810	0,885
PbO.	Pb,O.	2	50 300	1,090
PbO^2.	PbO,O.	2	12 140	0,263
CuO.	Cu,O.	2	37 160	0,806
HgO.	Hg,O.	2	30 670	0,665
Cu^2S.	Cu^2,S.	2	20 270	0,440

Sulfate de zinc. . . . . 2,285 volts
Sulfate de cuivre. . . . . . 1,205 —
Chlorure de cuivre. . . . . . 1,350 —

Extrait du Formulaire Hospital er. G. Masson, éditeur.

APPLICATIONS.

Masses des métaux déposés dans l'électrolyse.

Intensité du courant en ampères.	Temps de passage.	Masse déposée en grammes.
	Cuivre.	
1,0	1 seconde	0,000326
1,0	1 minute	0,01957
1,0	1 heure	1,2739
851,8	1 heure	1000
	Argent.	
1,0	1 heure	4,025
248,5	1 heure	1000
	Or.	
1,0	1 heure	2,441
409,7	1 heure	1000
	Nickel.	
1,0	1 heure	1,099
910,1	1 heure	1000

FORCES ÉLECTROMOTRICES ET DENSITÉS DE COURANT RELATIVES
AUX PRINCIPALES OPÉRATIONS ÉLECTROMÉTALLURGIQUES.

Forces électromotrices.

	Volts.
Cuivre. Bain acide..	0,5 à 1,5
— Bain au cyanure.	3 à 5
Argent.	0,5 à 1
Or.	0,5 à 4
Laiton.	3 à 4
Fer.	1 à 1,3
Nickel sur fer, acier, cuivre avec anode en nickel, amorcer le dépôt avec 5 volts et réduire à.	1,5 à 2
Nickel sur fer, acier, cuivre avec anode de charbon.	2 à 4
— sur zinc.	4 à 7
Platine.	5 à 6

Densités de courant.

	Amp. par dm²
Cuivre. Bonne qualité, dépôt tenace.	0,2 à 0,6
— Clichés..	0,6 à 1,5
— Dépôt solide..	1,5 à 4
— Dépôt solide, sablonneux sur les bords.	4 à 6
— Dépôt granuleux et sablonneux..	8 à 15
— Bain de cyanure..	0,3 à 0,5
Zinc (Ralfinage).	0,3 à 0,5
Argent.	0,15 à 0,5
Or.	0,07 à 0,15
Laiton.	0,4 à 0,5
Fer.	0,15 à 0,45
Nickel. Premier dépôt à 1,5 ampère par dm², ré-	0,1

Extrait du Formulaire Hospitalier. G. Masson éditeur.

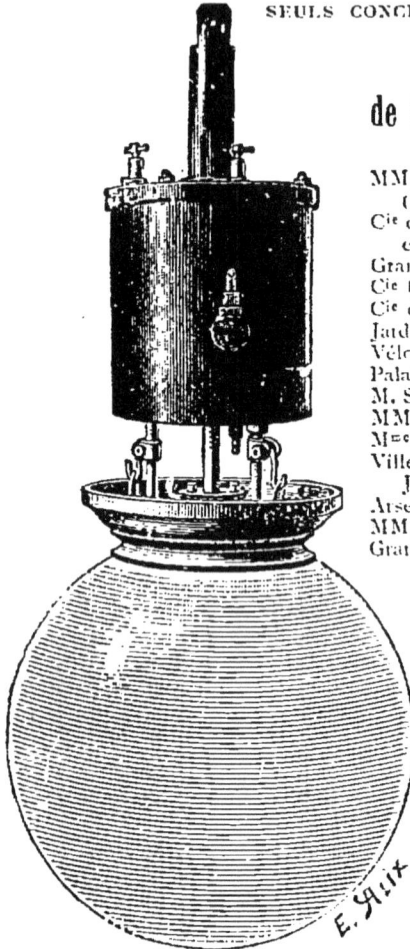

SIGNAUX DE L'APPAREIL MORSE

LETTRES

a	·—	n	—·
ã	·—·—	ñ	——·——
à ou å	·—·—·	o	———
b	—···	ö	———·
c	—·—·	p	·——·
ch	————	q	——·—
d	—··	r	·—·
e	·	s	···
é	··—··	t	—
f	··—·	u	··—
g	—·—	ü	··——
h	····	v	···—
i	··	w	·——
j	·———	x	—··—
k	—·—	y	—·——
l	·—··	z	——··
m	——		

CHIFFRES

1	·————	6	—····
2	··———	7	——···
3	···——	8	———··
4	····—	9	————·
5	·····	o	—————

Barre de fraction ——————

SIGNAUX DE PONCTUATION ET AUTRES

Point.	(.)	······
Point et virgule	(;)	—·—·—·
Virgule	(,)	·—·—·—
Deux points	(:)	———···
Point d'interrogation ou demande de répétition d'une transmission non comprise.	(?)	··——··
Point d'exclamation.	(!)	——··——
Apostrophe.	(')	·————·

Extrait du Formulaire Hospitalier, G. Masson, éditeur.

ALPHABET MORSE (suite)

Alinéa.	▬ ▬▬ ▬ ▬▬ ▬
Trait d'union. . . . . (-)	▬▬ ▬ ▬ ▬ ▬▬
Parenthèse (avant et après les mots). . . . ( )	▬▬ ▬ ▬▬ ▬ ▬▬
Guillemets. . . . . (»)	▬ ▬▬ ▬ ▬ ▬
Souligné (avant et après les mots ou le membre de phrase)	▬ ▬ ▬▬ ▬▬ ▬ ▬
Signal séparant le préambule de l'adresse, l'adresse du texte et le texte de la signature. .	▬▬ ▬ ▬ ▬▬

INDICATIONS DE SERVICE

Télégramme d'État..	▬ ▬ ▬
— de service..	▬ ▬▬
— privé urgent.	▬▬ ▬ ▬
— privé ordinaire	▬ ▬▬ ▬
Avis télégraphique	▬ ▬▬ ▬ ▬ ▬
Réponse payée	▬ ▬▬ ▬ ▬ ▬▬ ▬ ▬
Télégramme collationné.	▬▬ ▬▬ ▬ ▬▬ ▬
Accusé de réception.	▬▬ ▬ ▬▬ ▬ ▬ ▬
Télégramme recommandé	▬ ▬▬ ▬ ▬
— à faire suivre.	▬ ▬ ▬▬ ▬ ▬
Poste payée.	▬ ▬▬ ▬▬ ▬ ▬ ▬ ▬▬ ▬▬ ▬
Exprès payé	▬▬ ▬ ▬ ▬▬ ▬ ▬ ▬
Appel (préliminaire de toute transmission) . .	▬▬ ▬ ▬▬ ▬ ▬
Compris.	▬ ▬ ▬▬ ▬
Erreur.	▬ ▬ ▬ ▬ ▬ ▬ ▬ ▬
Fin de la transmission.	▬ ▬▬ ▬ ▬▬ ▬
Invitation à transmettre.	▬▬ ▬ ▬ ▬ ▬
Attente	▬ ▬▬ ▬ ▬
Réception terminée	▬ ▬▬ ▬ ▬ ▬▬ ▬ ▬ ▬▬

CLASSEMENT DES LETTRES DE L'ALPHABET

DANS L'ORDRE OÙ ELLES SE REPRÉSENTENT LE PLUS SOUVENT

E	219	U	82	É	39	X	8
R	118	O	80	V	27	Y	6
N	108	L	69	G	17	Z	6
A	107	D	52	H	17	J	5
S	106	C	48	F	15	K	2
I	105	P	46	Q	15		
T	98	M	46	B	14		

Extrait du Formulaire Hospitalier. G. Masson, éditeur.

VII. RENSEIGNEMENTS ÉLECTRIQUES

§ 1. — COURANT ÉLECTRIQUE

COURANT ÉLECTRIQUE. Le flux d'électricité qui s'écoule dans un conducteur dont les deux extrémités sont maintenues à des potentiels différents se nomme *courant électrique*. La cause initiale de ce courant est désignée sous le nom de *force électromotrice*. L'appareil dans lequel se développe cette force est un *générateur électrique*. L'ensemble formé par le générateur et le conducteur constitue le *circuit*. Le conducteur oppose au passage du courant un obstacle plus ou moins grand, qu'on nomme *résistance*.

L'*intensité* du courant est la même en tous les points du circuit; elle est proportionnelle à la force électromotrice, et inversement proportionnelle à la résistance.

Loi d'Ohm. En désignant par I l'intensité, par E la force électromotrice et par R la résistance; on obtient les 3 équations suivantes, qui constituent la loi d'*ohm* :

$$I = \frac{E}{R}; \ E = IR; \ R = \frac{E}{I}.$$

UNITÉS PRATIQUES :

Ohm. Unité pratique de résistance. L'ohm légal correspond à la résistance d'une colonne de mercure ayant un millimètre carré de section et 106 centimètres de longueur, à la température de la glace fondante.

Ampère. Unité d'intensité. Un ampère correspond très approximativement à la quantité d'électricité nécessaire pour mettre en liberté, d'un bain chimique, 4 grammes d'argent par heure.

Volt. Unité de force électromotrice. Sa valeur est sensiblement celle d'un élément zinc-cuivre connu sous le nom de *pile Daniell*.

Coulomb. — Unité de quantité. C'est la quantité d'électricité qui traverse un circuit pendant une seconde lorsque l'intensité du courant est d'un ampère.

Farad. Unité de capacité. C'est la capacité définie par la condition qu'un coulomb dans un farad donne un volt.

Dyne. Unité de force. C'est la force qui, agissant sur la masse d'un gramme, lui imprime une accélération de 1 centimètre par seconde. La dyne vaut $\frac{1}{g}$ gramme.

Joule. Unité de travail. Le joule correspond au travail produit par un coulomb sous une chute de potentiel d'un volt. C'est le quotient d'un kilogrammètre par 9.81.

Watt. Unité de puissance. C'est la puissance due à un ampère sous un volt de chute de potentiel. Un watt est égal à un joule par seconde.

$$1 \text{ watt} = \frac{1}{9.81} \text{ kilogrammètres par seconde.}$$

$$1 \text{ cheval vapeur} = 736 \text{ watts.}$$

Ampère-heure. Quantité d'électricité qui traverse un circuit pendant une heure lorsque l'intensité du courant est d'un ampère. 1 ampère-heure = 3600 coulombs.

ACTIONS THERMIQUES DES COURANTS :

Loi de Joule. La quantité de chaleur consommée par un conducteur électrique pendant le passage d'un courant est proportionnelle à la résistance du conducteur et au carré de l'intensité du courant.

En désignant par H la quantité de chaleur consommée par le conducteur; par I l'intensité; par R la résistance; par *t* le temps pendant lequel le courant passe, et par A l'équivalent mécanique de la chaleur, on a :

$$H = \frac{I^2 R t}{A} \text{ calories.}$$

Extrait de l'Agenda Oppermann. Baudry et Cie, éditeurs.

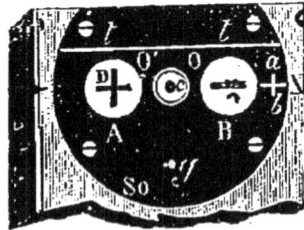

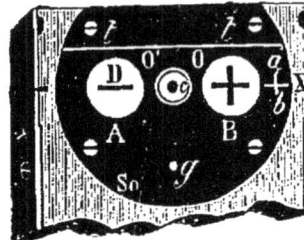

RENSEIGNEMENTS ÉLECTRIQUES (suite)

Le travail T correspondant à cette chaleur pendant un temps t est donné par la formule :

$$T = \frac{E^2 t}{9.81\ R}\ \text{kilogrammètres}$$

§ 2. — CONDUCTEURS

Classification des corps d'après leur résistance électrique.

Le tableau qui suit donne la liste des corps usuels dans leur ordre de conductibilité électrique décroissante ou de leur résistance croissante :

CORPS DITS CONDUCTEURS.	CORPS DITS SEMI-CONDUCTEURS.	CORPS DITS ISOLANTS OU DIÉLECTRIQUES.
Argent. Cuivre. Or. Zinc. Platine. Fer. Étain. Plomb. Mercure.	Charbon de bois et coke. Acides. Dissolutions salines. Eau de mer. Air raréfié. Glace fondante. Eau pure. Pierre. Glace non fondante. Bois sec. Porcelaine. Papier sec.	Laine. Soie. Verre. Cire à cacheter. Soufre. Résine. Gutta-percha. Caoutchouc. Gomme laque. Paraffine. Ébonite. Air.

Perte de chaleur et de puissance dans un conducteur ayant 1 ohm de résistance.

INTENSITÉ DU COURANT en ampères.	CALORIES (G.-D.) par seconde.	KILOGRAMMÈTRES par seconde.	CHEVAUX-VAPEUR.
1	0.24	0.102	0.0013
2	0.96	0.408	0.0054
5	6.01	2.548	0.034
10	24.03	10.2	0.134
20	96.12	40.8	0.536
30	216.20	91.7	1.223
40	384.48	163.1	2.144
50	601.0	255.0	3.400
60	865.0	367.0	4.892
70	1177.0	499.0	6.653
80	1538.0	652.0	8.576
90	1948.0	826.0	11.007
100	2403.0	1019.0	13.590

Extrait de l'Agenda Oppermann, Baudry et Cie, éditeurs.

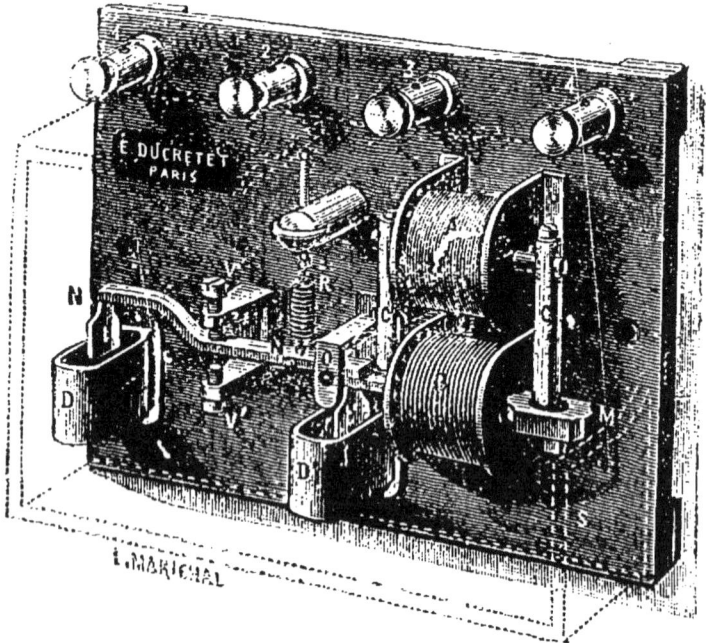

RENSEIGNEMENTS ÉLECTRIQUES

Résistance électrique des métaux et alliages usuels à 0° centigrade.

NOM DES MÉTAUX.	RÉSISTANCE d'un centimètre cube entre ses faces opposées. (Résistance spécifique.)	RÉSISTANCE d'un fil d'un mètre de long et d'un millimètre de diamètre.	RÉSISTANCE d'un fil long d'un mètre pesant 1 gramme	QUANTITÉ POUR 100 d'augmentation de résistance par degré centigrade.
	Microhms.	Ohms.	Ohms.	Ohms.
Argent recuit.	1.531	0.01937	0.1544	0.377
— écroui.	1.652	0.02103	0.1680	»
Cuivre recuit.	1.616	0.02057	0.1440	0.338
— écroui	1.652	0.02104	0.1469	»
Or recuit.	2.081	0.02650	0.4080	0.365
— écroui	2.118	0.02697	0.4150	»
Aluminium recuit. . .	2.945	0.03751	0.0757	»
Zinc comprimé . . .	5.639	0.07244	0.4067	0.365
Platine recuit. . . .	9.158	0.1166	1.9600	»
Fer recuit.	9.825	0.1251	0.7654	0.63
Nickel recuit	12.60	0.1504	1.0710	»
Etain comprimé. . . .	13.36	0.1701	0.9738	0.365
Plomb comprimé . . .	19.85	0.2526	2.257	0.387
Antimoine comprimé..	35.90	0.4571	2.411	0.389
Bismuth comprimé . .	132.7	1.6890	13.030	0.354
Mercure liquide. . . .	99.74	1.2257	13.060	0.072
2 argent. 1 platine. . .	24.66	0.3140	2.959	0.031
Argent allemand.. . .	21.17	0.2695	1.850	0.044
2 or. 1 argent.	10.99	0.1399	1.668	0.065

§ 3. — ÉLECTROLYSE

Un courant électrique en traversant un bain chimique décomposable sépare ses éléments constitutifs : les métaux, les bases, l'hydrogène se rendent au pôle négatif; les acides, l'oxygène deviennent libres au pôle positif. On nomme *électrolyse* l'opération de décomposition par le courant; *électrolytes*, les corps décomposés; *électrodes*, les extrémités du conducteur plongeant dans le bain; *anode*, l'électrode positive; *cathode*, l'électrode négative.

Lois de Faraday. 1° La quantité de substance décomposée dans un intervalle de temps donné est proportionnelle à l'intensité du courant, ou, en d'autres termes, à la quantité d'électricité qui passe dans le liquide.

2° Lorsqu'un même courant agit simultanément sur une suite de dissolutions, les poids des éléments séparés dans chacune d'elles sont dans le même rapport que leurs équivalents chimiques.

3° L'action électrolytique est indépendante de la position relative de la pile et de l'électrolyte.

Travail nécessaire pour l'électrolyse. Pour décomposer une solution quelconque, il faut dépenser un travail dynamique au moins égal à celui correspondant à la chaleur dégagée par les corps dissociés, lorsqu'ils se recomposent pour former la solution primitive.

Extrait de l'Agenda Oppermann, Baudry et Cie, éditeurs.

RENSEIGNEMENTS GÉOMÉTRIQUES

LIGNES
N.º 1. Cercle

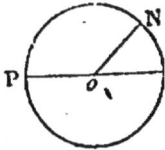

Diamètre PM = D
Rayon ON = R = $\frac{D}{2}$
Circonférence C = π D = 2 π R
arc MN = $\frac{\pi R \alpha}{180}$
α = nombre de degrés de l'arc MN

N.º 2. Polygones réguliers

Si l'on appelle a le côté du polygone
R le rayon du cercle circonscrit
r le rayon du cercle inscrit

on a

Triangle	a = 1,732 R =	3,464 r
Carré	a = 1,414 R =	2 r
Pentagone	a = 1,176 R =	1,454 r
Hexagone	a = R	=	1,154 r
Octogone	a = 0,765 R =	0,828 r
Décagone	a = 0,618 R =	0,649 r
Duodécagone	a = 0,518 R =	0,536 r

SURFACES PLANES

N.º 3. Carré
S = a^2

N.º 4. Rectangle
S = bh

N.º 5. Parallélogramme
S = bh

N.º 6. Losange
S = bh

N.º 7. Trapèze
S = $\frac{b+b'}{2}h$

N.º 8. Triangle
S = $\frac{b}{2}h$

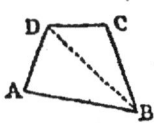

N.º 9. Polygones irréguliers

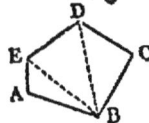

S = ABD + DBC   S = ABE + EBD + DBC etc.

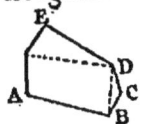

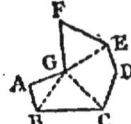

Extrait de l'Agenda Oppermann. Baudry et Cie éditeurs.

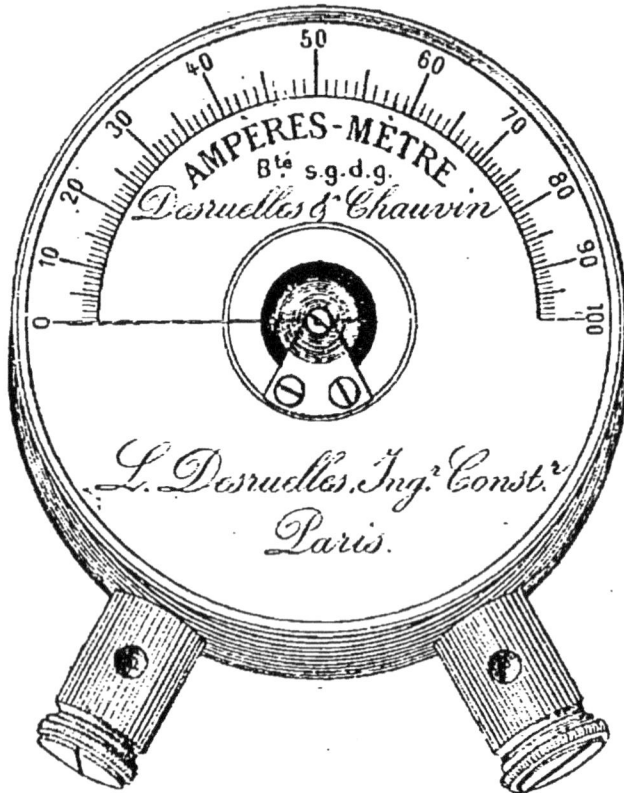

RENSEIGNEMENTS GÉOMÉTRIQUES

SURFACES PLANES (Suite)
N° 10. Polygones réguliers

n nombre de côtés

$S = \frac{1}{2} nar$

$a = AB =$ Côté du Polygone

$r =$ apothème = rayon du cercle inscrit

N° 11. Cercle

Rayon = R

Diamètre = D

$$S = \pi \, R^2 = \frac{\pi D^2}{4}$$

N° 12. Secteur de Cercle

Angle $mon = \alpha°$

Surface $omTn = \dfrac{\pi R^2 \alpha}{360}$

N° 13. Segment de Cercle

Angle $mon = \alpha°$

Corde du segment $= mn = c$

Flèche du segment $= f$

Surface $mTn = \dfrac{\pi R^2 \alpha}{360} - \dfrac{c}{2}(R - f)$

N° 14 Tranche de Cercle

se mesure comme la différence de deux segments

N° 15 Ellipse

Demi grand axe $= \dfrac{AA'}{2} = a$

Demi petit axe $= \dfrac{BB'}{2} = b$

$S = \pi \, a \, b$

N° 16. Parabole

F foyer de la Parabole

$AF = AP = \dfrac{p}{2}$

$S = \dfrac{4}{3} \, x \, \sqrt{2\,p\,x} =$ Surface AMN

Extrait de l'Agenda Oppermann. Baudry et Cie, éditeurs.

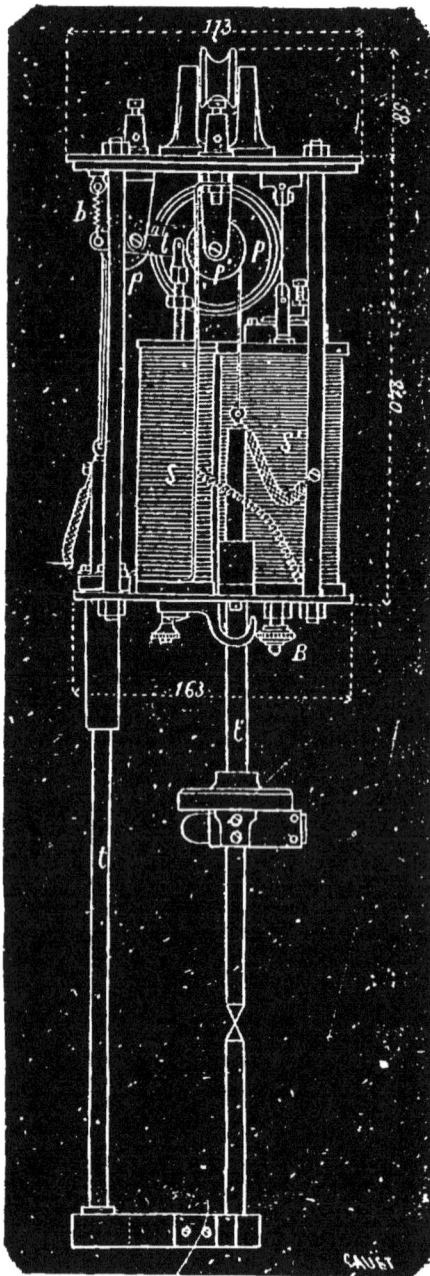

L. BARRIÈRE

22, Rue Saint-Sabin

PARIS

LAMPE A ARC

à point lumineux fixe

A COURANT CONTINU
ET A COURANT ALTERNATIF

Breveté S. G. D. G.

Type A

Cette lampe d'une
grande simplicité est
construite pour fonction-
ner avec une différence
de potentiel de 40 à 42
volts aux bornes et de
4 à 12 ampères, et pour
des intensités variables
jusqu'à 100 ampères.

Type B

Construite pour une
intensité de 0,5 à 3 am-
pères.

RENSEIGNEMENTS GÉOMÉTRIQUES

SURFACES COURBES

N° 17. Sphère

Diamètre = D

Rayon = R

Surface $S = 4 \pi R^2 = \pi D^2$

N° 18. Calotte sphérique NYN'Q

YQ = h

Surface $S = 2 \pi R h$

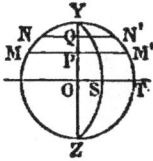

N° 19. Zône sphérique NN'M M'

PQ = h

Surface $S = 2 \pi R h$

N° 20. Fuseau YSTZ

Angle des deux méridiens = α^o

Surface $S = \pi R^2 \frac{\alpha}{90}$

N° 21. Cylindre circulaire droit

Rayon de la base = R

Hauteur = H

$S = 2 \pi R H$

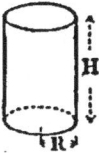

N° 22. Cylindre quelconque

Circonférence de la section droite = C

Longueur des génératrices = H

$S = CH$

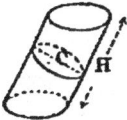

N° 23. Cône à base circulaire droit

Rayon de la base = R

Longueur des génératrices = L

$S = \pi R L$

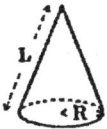

N° 24. Tronc de cône circulaire droit à bases parallèles

Rayons des bases R et r

Longueur des génératrices = L

$S = \pi (R + r) L$

Extrait de l'Agenda Oppermann, Baudry et Cie, éditeurs.

VOLUMES

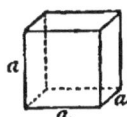

N° 25. Cube

$$V = a^3$$

N° 26. Parallélipipède rectangle

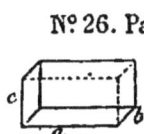

$$V = abc$$

N° 27. Parallélipipède oblique

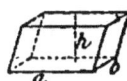

$$V = abh$$

N° 28. Prisme droit ou oblique

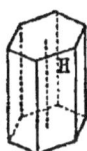

Surface de la base = B

Hauteur = H,

$$V = BH$$

N° 29. Tetraèdre

$$V = \frac{1}{3} BH$$

N° 30. Pyramide

$$V = \frac{1}{3} BH$$

N° 31. Tronc de Pyramide

Surface de la grande base = B

Surface de la petite base = b

$$V = \frac{1}{3} H (B + b + \sqrt{Bb})$$

N° 32. Cylindre circulaire droit

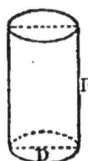

Diamètre de la base = D

Hauteur = H

$$V = \frac{\pi D^2}{4} H$$

N° 33. Cylindre quelconque

Surface de la base = B

Hauteur = H

$$V = BH$$

N° 34. Cylindre équilatéral

$$D = H$$

$$V = \frac{\pi D^3}{4}$$

N° 35. Cône a base circulaire droit ou oblique

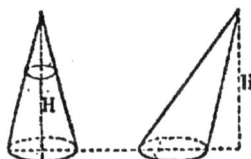

Rayon de la base = R

$$V = \pi R^2 \frac{H}{3}$$

N° 36. Tronc de Cône

Rayon de la grande base = R

Rayon de la petite base = r

$$V = \frac{1}{3} \pi H (R^2 + r^2 + Rr)$$

N° 37. Sphère pleine

$$V = \frac{4}{3} \pi R^3$$

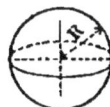

N° 38 Sphère creuse

$$V = \frac{4}{3} \pi (R^3 - r^3)$$

Extrait de l'Agenda Oppermann, Baudry et Cie, éditeurs.

VOLUMES (Suite)

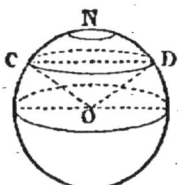

N° 39 Secteur de Sphère

Distance de N au plan CD=H
Volume OCND =V
$$V = \tfrac{2}{3}\,\pi R^2 H$$

N° 40. Segment de Sphère (CND)

Hauteur du Segment = H
Rayon de la base = r
$$V = \tfrac{2}{6}\,\pi H^3 + \tfrac{1}{2}\,\pi r^2 H$$

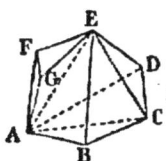

N° 41 Polyèdres irréguliers

Surfaces des diverses bases
SS'S" etc.
Distances à chaque base d'un des sommets
du polygone choisi arbitrairement =
= HH'H" etc
$$V = \tfrac{1}{3}\,(SH + S'H' + S''H'' + etc)$$

N° 42. Polyèdres réguliers

Surface d'une base = s
Distance du centre à chaque base = h
Nombre de faces = n
$$V = \tfrac{1}{3}\,n\,sh$$

N° 43 Ellipsoïde de révolution

$$V = \tfrac{4}{3}\,\pi\,a^2 b$$

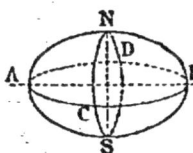
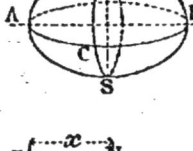

N° 44. Ellipsoïde a 3 axes

$a = \tfrac{1}{2}\,AB$
$$V = \tfrac{4}{3}\,\pi\,abc \qquad b = \tfrac{1}{2}\,CD$$
$c = \tfrac{1}{2}\,NS$

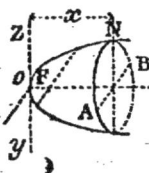

N° 45. Paraboloïde de révolution

paramètre = p = 2 xoF
$$V = \pi\,p\,x^2 = Vol.\ oNAB$$
$$ou\ V = \tfrac{1}{2}\,\pi x \times AB^2$$

Extrait de l'Agenda Oppermann. Baudry et Cie, éditeurs.

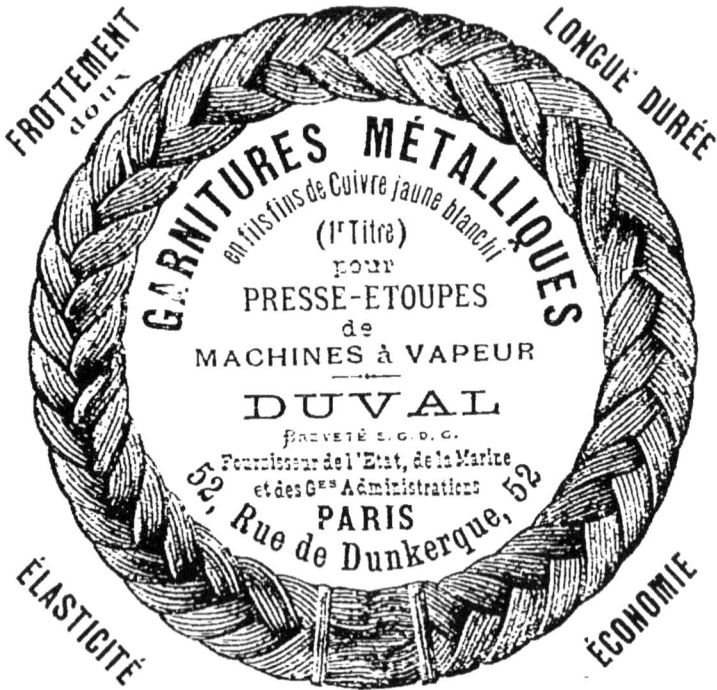

RENSEIGNEMENTS GÉOMÉTRIQUES

II. — Tracé des courbes.

§ 1. — *Ellipse.*

Définition des lignes. — F et F' : *foyers.* — Distance FF' : *distance focale.* — AA' : *grand axe.* — BB' ; *petit axe.* — *Rayons vecteurs :* toutes les droites, telles que FM, F'M partant des différents points de l'ellipse et aboutissant aux foyers (fig. 22).

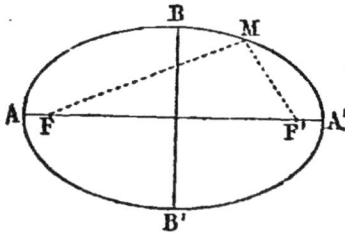

Tracé par points, le grand axe étant donné ainsi que les foyers. — Prendre le milieu O (fig. 23) de la ligne donnée AA'. Des foyers F et F', avec un rayon égal à AO, décrire quatre arcs se coupant, deux à deux, aux points H et I. La droite HI est le petit axe et les quatre points A, H, A',I sont les sommets de la courbe.

Fig. 22.

Maintenant, pour trouver un point quelconque de la courbe, du point O, comme centre, décrire deux circonférences concentriques ayant pour diamètres, l'une AA' et l'autre HI ; tracer un rayon arbitraire OC, et du point C abaisser CD, perpendiculaire à AA' ; par le point G, rencontre du rayon OC avec la petite circonférence, mener GK parallèle à AA' et le point E, rencontre de GK avec CD est un point de l'ellipse. En continuant ainsi on peut déterminer autant de points de l'ellipse qu'on le désirera.

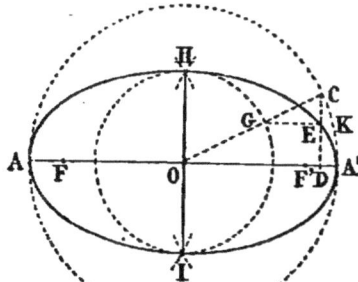

Tracé par un mouvement continu. — Les jardiniers emploient le moyen suivant :

Ils tracent d'abord les deux axes, et ils déterminent les foyers par un arc de cercle ayant pour centre l'une des extrémités du petit axe et pour rayon la moitié du grand axe. Les deux points ou cet arc de cercle coupe le grand axe sont les foyers. Ensuite, ils prennent un cordeau ayant même longueur que le grand axe, dont ils fixent les extrémités à chaque foyer. Puis ils tendent le cordeau de manière à former deux lignes droites aboutissant à une pointe à tracer. Cette pointe est mise en mouvement par la main, en ayant soin de maintenir le cordeau bien tendu, et elle trace, sur le terrain, l'ellipse demandé.

Fig. 23.

§ 2. — *Ovale.*

Tracé, le grand axe étant donné. — Diviser le grand axe AB (fig. 24 en trois parties égales par les points C et D. De ces points, comme cen

Extrait de l'Agenda Oppermann, Baudry et Cie, éditeurs.

RENSEIGNEMENTS GÉOMÉTRIQUES

tres, avec un rayon égal à AC, décrire deux circonférences qui se coupent aux points F et G. Des points A et B, avec le même rayon, tracer quatre arcs de cercle coupant les deux circonférences aux points E, H, J, I. Du point G, avec un rayon égal à la distance du point G au point E, décrire l'arc EH. En faire autant du point F, avec le même rayon, et l'ovale est formé.

AB est le grand axe; KL, le petit axe; C et D, les foyers.

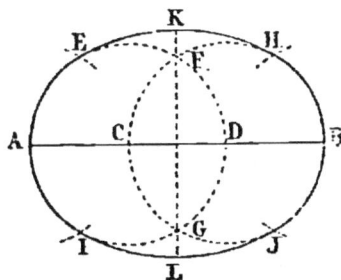

Fig. 24.

§ 3. — Ove.

Cette courbe se trace de la manière suivante :

Sur une droite AB comme diamètre (fig. 25) décrire une demi-circonférence AMB. Au milieu O de AB, élever une perpendiculaire ON sur laquelle on prend OC = AO; joindre AC et BC. Du point A, avec AB pour rayon, décrire un arc BD, terminé au prolongement de AC; du point B, avec BA pour rayon, décrire un arc AE, terminé au prolongement de BC. AD étant égale à BE, il en résulte que leurs différences CD et CE sont égales. On peut donc du point C, avec CD pour rayon, décrire un quart de cercle, qui passera au point E. Les quatre arcs ainsi décrits se raccordent aux points A, B, D, E et forment l'ove.

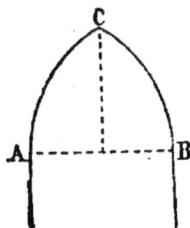

Fig. 25.

§ 4. — Ogive.

La manière ordinaire de tracer l'ogive est la suivante :

Soient A et B (fig. 26) les naissances de la voûte, ou extrémités supérieures des piédroits, situées sur une même horizontale. Des points A et B, comme centres, avec la distance AB des piédroits comme rayon, on décrit deux arcs de cercle BC et AC, qui, par leur intersection, déterminent le sommet C de l'ogive.

L'ogive ainsi tracée est celle qu'on rencontre le plus souvent. On lui donne le nom d'*arc en tiers-point*.

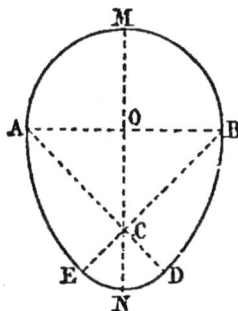

Fig. 26.

§ 5. — Anses de panier.

Il y a des anses de panier de 3, 5, 7, 9 et même 11 centres. On emploie des méthodes différentes pour le tracé de cette courbe suivant le nombre des centres. On peut toutefois employer celle ci-après qui s'applique dans tous les cas :

Soient AB l'ouverture et OC la montée (fig. 27). Décrire deux demi-circonférences sur l'ouverture AB comme diamètre et sur la montée OC

Extrait de l'Agenda Oppermann. Baudry et Cie, éditeurs.

RENSEIGNEMENTS GÉOMÉTRIQUES

comme rayon ; diviser la première en autant de parties égales que l'on veut obtenir de centres, cinq par exemple ; mener les rayons OD, OE, OF, OG aux points de division. Par les points d, e, f, g, où ces rayons coupent la petite circonférence, mener des parallèles dm, en, fp, gq à la ligne AB, jusqu'à leurs rencontres m, n, p, q, avec les perpendiculaires Dm, En, Fp, Gq, abaissées des points D, E, F, G sur ligne AB. Les points A, m, n, p, q, B, seront des points de la courbe. Il ne s'agit plus que de les unir par des arcs de cercle qui se raccordent.

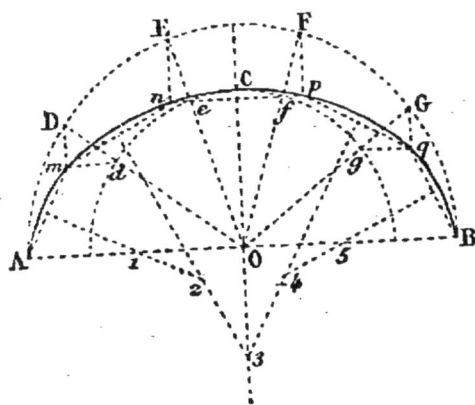

Fig. 27.

Pour cela, élever au milieu de Am une perpendiculaire qui rencontre AB au point 1, puis au milieu de mm une perpendiculaire qui coupe la précédente au point 2, ainsi de suite ; les points 1, 2, 3, 4, 5 seront les centres des arcs à décrire.

Cas où il convient d'employer les différentes espèces d'anses de panier. — On emploie :

1° L'anse à 3 centres lorsque la montée n'est pas inférieure aux $\frac{3}{4}$ de la demi-ouverture ;

2° L'anse à 5 centres lorsque la montée est comprise entre les $\frac{3}{4}$ et les $\frac{2}{3}$ de la demi-ouverture ;

3° L'anse à 7 centres depuis une montée égale aux $\frac{2}{3}$ de la demi-ouverture jusqu'à une montée égale à la moitié de cette demi-ouverture ;

4° Pour une montée moindre que la moitié de la demi-ouverture, on fait usage de la courbe à 9 centres.

§ 6. — *Tracé des courbes sur le terrain.*

1° *Tracé par abscisses et ordonnées sur la tangente.* — La tangente AT (fig. 28) étant tracée sur le terrain et le point de tangence B déterminé, si l'on veut obtenir un point de la courbe, on élève sur AB, en un point D, par exemple, une perpendiculaire DC. La distance BD ou x s'appelle *abscisse*, et la distance DC ou y s'appelle *ordonnée*. Comme on prend arbitrairement la longueur de l'abscisse, le plus souvent par 10 mètres ou des multiples de 10, il ne reste à calculer que la valeur de l'ordonnée, laquelle s'obtient au moyen de la formule :

$$y = R - \sqrt{R^2 - x^2},$$ dans laquelle

R = le rayon de la courbe,

x = l'abscisse.

Extrait de l'Agenda Oppermann. Baudry et Cie, éditeurs.

RENSEIGNEMENTS MATHÉMATIQUES

Calcul des intérêts.

TAUX.	DIVISEURS.	TAUX.	DIVISEURS.
ANNÉE DE 365 JOURS.			
1 0/0	36 500	5 3/4	6 348
1 1/4	29 200	6 0/0	6 085
1 1/2	24 333	6 1/4	5 840
1 3/4	20 857	6 1/2	5 615
2 0/0	18 250	6 3/4	5 407
2 1/4	16 222	7 0/0	5 214
2 1/2	14 600	7 1/4	5 034
2 3/4	13 273	7 1/2	4 866
3 0/0	12 166	7 3/4	4 709
3 1/4	11 231	8 0/0	4 563
3 1/2	10 428	8 1/4	4 424
3 3/4	9 733	8 1/2	4 294
4 0/0	9 125	8 3/4	4 171
4 1/4	8 588	9 0/0	4 055
4 1/2	8 111	9 1/4	3 946
4 3/4	7 684	9 1/2	3 842
5 0/0	7 300	9 3/4	3 743
5 1/4	6 952	10 0/0	3 650
5 1/2	6 636	10 1/4	3 561
ANNÉE DE 360 JOURS.			
1 0/0	36 000	5 3/4	6 260
1 1/4	28 800	6 0/0	6 000
1 1/2	24 000	6 1/4	5 760
1 3/4	20 500	6 1/2	5 538
2 0/0	18 000	6 3/4	5 333
2 1/4	16 000	7 0/0	5 143
2 1/2	14 400	7 1/4	4 966
2 3/4	13 091	7 1/2	4 800
3 0/0	12 000	7 3/4	4 645
3 1/4	11 077	8 0/0	4 500
3 1/2	10 286	8 1/4	4 363
3 3/4	9 600	8 1/2	4 235
4 0/0	9 000	8 3/4	4 114
4 1/4	8 471	9 0/0	4 000
4 1/2	8 000	9 1/4	3 891
4 3/4	7 579	9 1/2	3 789
5 0/0	7 200	9 3/4	3 692
5 1/4	6 857	10 0/0	3 600
5 1/2	6 545	10 1/4	3 513

APPLICATION . Pour obtenir la somme d'intérêt I à payer, pour un capital C placé à un taux de T pour cent pendant N jours.

La formule générale est . $I = C \times \dfrac{T}{100} \times \dfrac{N}{365}$, ou $C \times \dfrac{T}{100} \times \dfrac{N}{360}$

Dans cette formule le diviseur fixe est $D = \dfrac{36\ 500}{T}$, ou $\dfrac{36\ 000}{T}$

Et par suite on a $I = C \times N \times \dfrac{1}{D}$

Extrait de l'Agenda Oppermann. Baudry et Cie, éditeurs.

Calcul des intérêts. — Année civile (de 365 jours)

Tableau servant à trouver un nombre de jours d'intérêt d'une époque à une autre dans un délai de douze mois.

Extrait de l'Agenda Oppermann, Baudry et Cᵉ, éditeurs.

N. B. Les chiffres indiqués à ce tableau sont le nombre de jours qui séparent deux mois quelconques, de 1er en 1er, de 15 en 15, ou de *telle* date d'un mois à la *même* date de tout autre mois.

On obtiendra le nombre de jours d'intervalle pour deux dates dissemblables en ajoutant ou retranchant une différence toujours facile à calculer.

Pour les années bissextiles comme 1892 ajouter le 29 Février.

Exemple.

Pour avoir le nombre de jours du 15 Avril au 18 Septembre, voir d'abord le nombre de jours du 15 Avril au 15 Septembre (ce qui est le même que du premier au premier) = 153, et y ajouter trois jours, total 156.

	Février	Mars	Avril	Mai	Juin	Juillet	Août	Septemb.	Octobre	Novemb.	Décemb.	Janvier	Février
Janvier.	31	59	90	120	151	181	212	243	273	304	334	365	
Février.	28	59	89	120	150	181	212	242	273	303	334	365	
Mars.		31	61	92	122	153	184	214	245	275	306	337	365
Avril.			30	61	91	122	153	183	214	244	275	306	334	365
Mai.				31	61	92	123	153	184	214	245	276	304	335	365
Juin.					30	61	92	122	153	183	214	245	273	304	334	365
Juillet.						31	62	92	123	153	184	215	243	274	304	335	365
Août.							31	61	92	122	153	184	212	243	273	304	334	365
Septembre.								30	61	91	122	153	181	212	242	273	303	334	365
Octobre.									31	61	92	123	151	182	212	243	273	304	335	365
Novembre.										30	61	92	120	151	181	212	242	273	304	334	365
Décembre.											31	62	90	121	151	182	212	243	274	304	335	365

Laboratoire Central d'Électricité

ÉCOLE D'APPLICATION

12 et 14, Rue de Staël

L'École d'application a pour but de donner aux ingénieurs les connaissances pratiques qu'exige l'emploi si étendu de l'électricité dans l'industrie.

CONDITIONS D'ADMISSION

Les élèves de toute nationalité seront admis sans limite d'âge. Les candidats non munis d'un diplôme reconnu suffisant auront à subir un examen portant sur les matières suivantes : ÉLECTRICITÉ (programme de la licence ès sciences physiques), NOTIONS DE MATHÉMATIQUES, de MÉCANIQUE, de PHYSIQUE GÉNÉRALE, nécessaires pour le développement du programme d'électricité.

Les frais d'étude sont de 200 francs payables d'avance en deux moitiés, l'une à l'entrée, l'autre au 1er mars.

ENSEIGNEMENT

1° Cours de 30 à 35 leçons sur l'*Électricité Industrielle*.

2° Cours de 20 à 25 leçons sur les *Mesures électriques*.

3° *Une série de conférences sur des questions spéciales.*

4° *Exercices pratiques.*

5° — *d'atelier.*

6° *Établissement de projets.*

7° *Visites d'usines.*

RENSEIGNEMENTS MATHÉMATIQUES

CUBAGE DES BOIS RONDS

Tableau donnant la surface d'un cercle dont la circonférence varie de 10 à 100.

CIRCON-FÉRENCE.	SECTION.	CIRCON-FÉRENCE.	SECTION.	CIRCON-FÉRENCE.	SECTION.
10	7.96	41	133.8	72	412.5
11	9.63	42	140.4	73	424.1
12	11.46	43	147.1	74	435.8
13	13.45	44	154.1	75	447.6
14	15.60	45	161.1	76	459.6
15	17.91	46	168.4	77	471.8
16	20.37	47	175.8	78	484.1
17	23.00	48	183.3	79	496.6
18	25.78	49	191.1	80	509.3
19	28.73	50	198.9	81	522.1
20	31.83	51	207.0	82	535.1
21	35.10	52	215.2	83	548.2
22	38.52	53	222.5	84	561.5
23	42.10	54	232.0	85	575.0
24	45.84	55	240.7	86	588.6
25	49.74	56	249.6	87	602.3
26	53.80	57	258.5	88	616.2
27	58.01	58	267.7	89	630.3
28	62.39	59	277.0	90	644.6
29	66.92	60	286.5	91	659.0
30	71.63	61	296.1	92	673.5
31	76.47	62	305.9	93	688.3
32	81.49	63	315.8	94	703.1
33	86.66	64	325.9	95	718.2
34	91.99	65	336.2	96	733.4
35	97.48	66	346.6	97	748.8
36	103.1	67	357.2	98	764.3
37	108.9	68	368.0	99	779.9
38	114.9	69	378.9	100	795.3
39	121.0	70	389.9		
40	127.3	71	401.2		

Valeurs et Formules diverses.

$\pi = 3.1415926535897932\ldots$

$\dfrac{1}{\pi} = 0.3183098861837911\ldots$

$\pi^2 = 9.8696044\ldots$

$\sqrt{\pi} = 1.772453850\ldots$

$\log \pi = 0.4971498726941\ldots$

$\log \text{hyp } \pi = 1.14473\ldots$

Long. de l'arc de 1° (cercle de

rayon 1) $= \dfrac{\pi}{180} = 0.017453293$.

arc de 1' $= \dfrac{\pi}{10\,800} = 0.0002908882$.

arc de 1'' $= \dfrac{\pi}{648\,000} = 0.000004848$.

Accélération due à la pesanteur $= g$
$g = 9.80896$ en mèt. par seconde.

$\dfrac{1}{g} = 0.10194$

$\dfrac{\pi^2}{g} = 1.006075$

$\sqrt{g} = 3,13209$ $\pi\sqrt{g} = 9,83474$

$\sqrt{2g} = 4,42940$ $\pi\sqrt{2g} = 13,91536$

$\dfrac{1}{\sqrt{g}} = 0,319275$ $\dfrac{\pi}{\sqrt{g}} = 1,003033$

$g^2 = 96,236$

$\dfrac{1}{g^2} = 0,010291$

Extrait de l'Agenda Oppermann. Baudry et Cie, éditeurs.

Tonneau exposé par MM. E. MERCIER & Cie, Épernay

Conduit tout monté à PARIS par 24 bœufs

Contenance : 200.000 Bouteilles de CHAMPAGNE

RENSEIGNEMENTS PHYSIQUES

Tableau donnant la température de l'eau correspondant à une pression effective en kilogrammes par centimètre carré.

PRES-SION.	TEMPÉ-RATURE.	PRES-SION.	TEMPÉ-RATURE.	PRES-SION.	TEMPÉ-RATURE	PRES-SION.	TEMPÉ-RATURE.
Kilogr.	Degrés.	Kilogr.	Degrés.	Kilogr.	Degrés.	Kilogr.	Degrés.
0.5	111	5.5	161	10.5	185	15.5	202
1.0	120	6.0	164	11.0	187	16.0	203
1.5	127	6.5	167	11.5	189	16.5	205
2.0	133	7.0	170	12.0	191	17.0	206
2.5	138	7.5	173	12.5	193	17.5	208
3.0	143	8.0	175	13.0	194	18.0	209
3.5	147	8.5	177	13.5	196	18.5	210
4.0	151	9.0	179	14.0	197	19.0	211
4.5	155	9.5	181	14.5	199	19.5	213
5.0	158	10.0	183	15.0	200	20.0	214

Dilatation linéaire des solides de 0° à 100° C pour 1°.

PIERRES ET TERRES CUITES.

Briques ordinaires.... 0,000 005 502
—   dures......... 0,000 004 928
Terre cuite........... 0,000 004 573
Granit... .... 0,000 008 685
Marbre blanc......... 0,000 010 720
—   noir......... 0,000 004 260
Pierre à bâtir de Ver-
    non-s.-Seine 0,000 004 303
  —   de Saint-Leu.. 0,000 006 489
  —   de Caithness.. 0,000 008 947
Pierre calcaire blanche 0,000 002 510
  —   verte de Ratho 0,000 008 089
Ciment romain........ 0,000 014 349

BOIS ET CHARBONS DE BOIS.

Bois de sapin...... de 0,000 003 520
                   à 0,000 004 959
Charbon de bois de
  sapin.............. 0,000 010 000
Charbon de bois de
  chêne............. 0,000 012 000

MÉTAUX ET ALLIAGES.

Platine......... .... 0,000 008 842
Antimoine...... .. 0,000 010 833

Fonte de fer. 0,000 011 100
Acier non trempé..... 0,000 010 791
  — trempé et recuit
       à 81°,2........ 0,000 012 396
  — trempé et recuit
       à 37°,5........ 0,000 013 690
Fer doux forgé 0,000 012 205
  — rond passé à la fi-
       lière......... 0,000 012 350
Fil de fer............ 0,000 014 401
Bismuth. 0,000 013 917
Or recuit 0,000 015 136
Cuivre rouge 0,000 017 173
Cuivre jaune ou laiton 0,000 018 782
Bronze 0,000 018 492
Argent de coupelle... 0,000 019 097
Aluminium 0,000 022 239
Étain fin............. 0,000 022 833
Plomb................ 0,000 028 484
Zinc fondu........... 0,000 029 417
  — allongé au mar-
       teau de 1/12... 0,000 031 083

SUBSTANCES DIVERSES.

Verre (Glaces de S.-Gobain 0,000 008 909
      Flint français..... 0,000 008 720
      Flint anglais...... 0,000 008 167

Extrait de l'Agenda Oppermann. Baudry et Cie, éditeurs.

RENSEIGNEMENTS PHYSIQUES

Chaleur spécifique.

On appelle CALORIE la quantité de chaleur nécessaire pour élever un kilogramme d'eau de 0° à 1° centigrade.

On appelle *chaleur spécifique* d'un corps le nombre de calories nécessaire pour élever de 1° la température d'un kilogramme de ce corps.

SOLIDES ET LIQUIDES.

	Chaleur spécifique.		Chaleur spécifique.
Eau	1,000	Fer	0,114
Alcool à 36°	0,659	Acier	0,107
Bois	0,650	Zinc	0,096
	0,500	Cuivre	0,095
Essence de térébenthine	0,416	Argent	0,057
Gypse	0,259	Etain	0,056
Charbon de bois	0,240	Antimoine	0,051
Aluminium	0,214	Mercure	0,033
Argile cuite	0,208	Or	0,032
Graphite	0,200	Platine	0,032
Verre	0,177	Bismuth	0,031
Diamant	0,147	Plomb	0,031

GAZ ET VAPEURS.

Chaleurs spécifiques, sous pression constante.

	Chaleur spécifique.		Chaleur spécifique.
Hydrogène	3,4090	Azote	0,2438
Gaz des marais (C_2H^4)	0,5929	Air	0,2375
Ammoniaque	0,5084	Acide sulfhydrique	0,2434
Vapeur d'eau	0,4805	Protoxyde d'azote	0,2262
Vapeur d'éther	0,4797	Oxygène	0,2175
Vapeur d'alcool	0,4534	Acide carbonique	0,2169
Gaz oléfiant (C^4H^4)	0,4040	Vapeur de chloroforme	0,1567
Vapeur de benzine	0,3754	Acide sulfureux	0,1544
Oxyde de carbone	0,2450	Chlore	0,1210

Chaleur latente de fusion.

On appelle *chaleur latente de fusion* le nombre de calories nécessaire pour faire passer un kilogramme d'un corps de l'état solide à l'état liquide, sans changer sa température.

	Calories.		Calories.
Eau	79,25	Soufre	9,35
Zinc	28,13	Plomb	5,37
Argent	21,07	Phosphore	5,24
Etain	14,25	Mercure	2,8'
Bismuth	12,64		

Extrait de l'Agenda Oppermann. Baudry et Cie, éditeurs.

CHAMPAGNE CHAMPION

(REIMS)

MAISON FONDÉE en 1868

Marque du bouchon

Caves romaines

Éclairées à l'Électricité.
s'étendant
sous une superficie de

6 hectares

Visibles tous les jours

PRIX COURANT D'EXPORTATION

Excelsior Champion.................	7 50
Carte blanche......................	6 »
Sillery mousseux...................	3 »

0 fr. 25 en plus par Demi-Bouteille

Franco bord Le Havre ou Bordeaux
Emballage compris.

RENSEIGNEMENTS PHYSIQUES

Froid produit par quelques mélanges réfrigérants.

DÉSIGNATION DES MÉLANGES.	ABAISSEMENT DE TEMPÉRATURE.	FROID PRODUIT.
Eau, 16 parties. nitre 5 ; chlorhydrate d'ammoniaque, 5..................	de + 10° à — 12°	22°
Eau, 16 ; nitre, 5 ; chlorhydrate d'ammoniaque, 5 ; sulfate de soude. 8..	de + 10° à — 16°	26°
Eau, 1 ; nitrate d'ammoniaque, 1...	de + 10° à — 16°	26°
Eau, 1 ; nitrate d'ammoniaque, 1 ; sous-carbonate de soude, 1.......	de + 10° à — 19°	29°
Eau, 4 ; chlorure de potassium, 57 ; chlorhydrate d'ammoniaque, 32 ; nitrate de potasse, 20	»	15°
Neige ou glace pilée, 2 : sel marin, 1.	»	20°
Neige ou glace pilée, 5 ; sel marin, 2 ; chlorhydrate d'ammoniaque, 1...	»	24°
Neige ou glace pilée, 24 ; sel marin, 10 ; chlorhydrate d'ammoniaque, 5 ; nitre, 5	»	28°
Neige ou glace pilée, 12 ; sel marin, 5 ; nitrate d'ammoniaque, 5......	»	31°
Sulfate de soude, 3 ; acide azotique étendu, 2	de + 10° à — 19°	29°
Sulfate de soude, 6 ; nitrate d'ammoniaque, 4 ; nitre, 2 ; acide azotique étendu, 4	de + 10° à — 23°	33°
Sulfate de soude, 6 ; nitrate d'ammoniaque, 5 ; acide azotique étendu, 4.	de + 10° à — 26°	36°
Phosphate de soude, 9 ; acide azotique étendu, 4....................	de + 10° à — 29°	39°
Sulfate de soude, 20 ; acide sulfurique à 36°,16.......................	de + 10° à — 8°,15	18°.15
Sulfate de soude, 22 ; résidu d'éther à 33°,17.......................	de + 10° à — 8°	18°
Sulfate de soude, 8 ; acide chlorhydrique, 5	de + 10° à — 17°	27°

Extrait de l'Agenda Oppermann. Baudry et Cie, éditeurs.

RENSEIGNEMENTS PHYSIQUES

Coefficients de conductibilité relatifs à la chaleur.

SUBSTANCES.	COEFFICIENTS	SUBSTANCES.	COEFFICIENTS
Argent............	100.0	Fer	11.9
Cuivre.............	77.6	Acier..............	11.6
Or	53.2	Plomb.............	8.5
Laiton	23.6	Platine............	8.4
zinc..............	19.0	Bismuth............	1.8
Etain	14.5		

Quantités de chaleur dégagées dans la combustion de diverses substances.

DÉSIGNATION des substances.	CALORIES dégagées par la combust. de 1 kil.	DÉSIGNATION des substances.	CALORIES dégagées par la combust. de 1 k.
Hydrogène	34500	Coke	6600 à 7000
Gaz des marais . . .	13000	Tourbe de bonne qua-	
Gaz oléfiant.	11800	lité	3600 à 4800
Essence de térébenthine	10850	Bois desséché par la	
Cire.	10300	chaleur	4000
Charbon de bois. . . .	8080	Bois sec (25 à 30 p. 0,0	
Diamant.	7770	d'eau)	2800 à 3000
Houille moyenne . . .	7500	Oxyde de carbone . . .	2400
Alcool.	7000 à 7180		

Il est très important de remarquer que l'intensité calorifique d'un combustible, c'est-à-dire la température que produirait sa combustion s'il n'y avait aucune perte de chaleur par rayonnement ni conductibilité, ne dépend pas seulement des quantités de chaleur dégagées par la combustion, mais qu'elle dépend aussi des quantités de chaleur absorbées par les produits de la combustion. Or ces quantités de chaleur absorbées par les produits de la combustion sont très différentes suivant la nature des produits.

Ainsi l'eau, produit de la combustion de l'hydrogène, absorbe pour une même élévation de température infiniment plus de chaleur que l'acide carbonique produit de la combustion du charbon.

Il résulte de là que le charbon de bois, dont le pouvoir calorifique absolu est moindre que le quart de celui de l'hydrogène, a une intensité calorifique supérieure à celle de l'hydrogène dans le rapport de 10 à 7. L'oxyde de carbone lui-même a une intensité calorifique un peu supérieure à celle de l'hydrogène.

Extrait de l'Agenda Oppermann. Baudry et Cie, éditeurs.

Marius MICHEL

RELIURE ✦ D'ART

❋ Livres de Mariage ❋

GRAND PRIX PARIS 1889

74, Rue de Seine

RENSEIGNEMENTS PHYSIQUES

Quantité de vapeur d'eau produite par 1 kilog. de houille moyenne.

En supposant que le pouvoir calorifique de la houille soit de 7500 calories, que sa combustion soit complète et se fasse avec 18 mètres cubes d'air par kilogramme de houille, et enfin qu'il n'y ait point de perte par rayonnement ni conductibilité.

La quantité de vapeur d'eau produite ne varie pas notablement quand la pression varie de 1 à 10 kilogrammes par centimètre carré.

	L'eau d'alimentation étant à la température de	
	15°	40°
Avec tirage forcé, laissant s'échapper les gaz à la température de 150°..........................	$10^k.41$	$10^k.84$
Avec tirage naturel, laissant s'échapper les gaz à la température de 250°..........................	$9^k.16$	$9^k.54$
Avec tirage naturel, laissant s'échapper les gaz à la température de 400°..........................	$7^k.8$	»

Équivalent mécanique de la chaleur.

1 calorie vaut 424 kilogrammètres.

Frottement de glissement.

Le tableau suivant donne les *coefficients de frottement* pendant le mouvement, quand les vitesses sont modérées.

Soit f le coefficient de frottement,
  P la pression normale des surfaces planes en contact,
  F l'effort de frottement.

On a

$$f = \frac{F}{P}$$

Chêne sur chêne, sans enduit 0,48	Fer sur bronze, sans enduit. 0.18		
Id. enduit de savon sec 0,16	Fonte sur fonte, id..... 0,15		
Orme sur chêne sans enduit 0,43	Fonte sur bronze, id.... 0,15		
Frêne, sapin, hêtre, sorbier	Bronze sur bronze, id.... 0,20		
sur chêne, sans enduit 0,36 à 0,40	Bronze sur fonte, id..... 0,22		
Fer sur chêne, sans enduit.. 0.62	Bronze sur fer, id..... 0,16		
Fer sur chêne, mouillé d'eau 0.26	Fonte sur fonte avec enduit		
Fonte sur chêne, sans enduit 0.49	gras...................... 0,054		
Id. mouillé d'eau 0,22	Fonte sur bronze, id...... 0,054		
Cuivre jaune sur chêne, sans	Fer sur fonte, id...... 0,054		
enduit................... 0,62	Fer sur bronze, id...... 0,054		
Cuir de bœuf pour garniture	Fer sur cuivre, sans enduit. 0,155		
de piston, sur fonte (huilé) 0,15	Id. avec enduit gras 0,120		
Fer sur fonte, sans enduit.. 0,18			

(*Voir page 93 les chiffres relatifs au frottement des cordes et des courroies*)

Extrait de l'Agenda Oppermann. Baudry et Cie, éditeurs.

ALMANACH HACHETTE
PETITE ENCYCLOPÉDIE POPULAIRE DE LA VIE PRATIQUE
1ʳᵉ ÉDITION POUR 1896

1 fr. 50		2 fr.
UN VOLUME IN-16		UN VOLUME IN-16
BROCHÉ SOUS UNE		CARTONNÉ SOUS UNE
Couverture en 5 couleurs		*Couverture en 5 couleurs*
et contenant plus de		*tirée sur*
Trois millions de lettres		**FORT PAPIER TOILE**
en		**COINS ARRONDIS**
436 PAGES		*Couture à*
Mille cinquante deux figures		**QUADRUPLE PIQURE**
en planches et dans le texte		*impossible à découdre*
20 CARTES OU PLANS		**DOS TRÈS SOUPLE**
dont 17 en deux couleurs.		*tranches en couleur*
		RELIURE DE BUREAU
		Maroquin rouge, souple
		Tranches dorées, 3 fr.

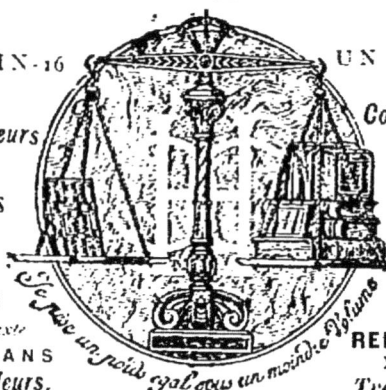

2ᵉ ÉDITION COMPLÈTE POUR 1896

Un volume (plus de 640 pages, 2040 figures) avec deux répertoires entaillés dans la marge, un par ordre de matières et un par ordre alphabétique. *Cartonné*, **3 fr. 50**
RELIURE DE BUREAU (Maroquin vert, souple, tranches dorées)... **4 fr. 50**

L'*Almanach Hachette pour 1896* publie trois Éditions étrangères : 1° Une Édition Belge ; 2° Une Édition Suisse ; 3° Une Édition Espagnole.

NOS SEPT PRIMES

Primes gratuites : Tout acheteur de l'*Almanach* a droit aux primes suivantes :

1° Une feuille de papier buvard encartée dans l'Agenda.

2° Un signet coupe-papier à tranche métallisée.

3° A un Abonnement gratuit d'un mois au *Tour du Monde*, journal des *Voyages et des Voyageurs* (26 fr. par an) à partir du 1ᵉʳ janvier 1896.

4° A un abonnement gratuit d'un mois à la *Mode Pratique*, Revue de la Famille 1ʳᵉ éd. (12 fr.).

5° A sa Photographie destinée à la carte d'identité, faite *gratuitement* par l'un des photographes dont les noms suivent : **Paris** : MM. E. PIROU, Bd St-Germain ; **Bordeaux** : PANAJOU frères, 1. Vital-Carles ; **Lyon** : J. HERON, pl. Bellecour ; **Lille** : FAURE fils, 1. Nationale ; **Rouen** : RENOUARD (FONTAINE, succ°),r. Thiers ; **Marseille** : A. TERRIS, allées de Meilhan ; **St-Etienne** : CHÉRI-ROUSSEAU, 1. de la Paix ; **Toulouse** : E. DELON, 1. Alsace-Lorraine.

6° A 8 billets de Théâtre à demi-tarif, en location, dans les principaux Théâtres de Paris.

7° A 16 Bons d'Achat dans plusieurs des premières Maisons de Commerce de Paris.

L'Année 1896. — La Division du Temps. — Agenda-Memento (188 pages). — Le Calendrier de 1896. — Histoire universelle. — Géographie. — Littérature. Éducation, Enseignement. — Beaux-Arts. — Architecture. — Foyer, Mariage. — Économie domestique. — Notre Argent. — Sciences vulgarisées. — Droit usuel. — Agriculture. — Sports. — Paris. — Voyages.

RENSEIGNEMENTS PHYSIQUES

Table des Résistances des Murs, Piliers, Cloisons, Colonnes.

(Le rapport de la longueur à la plus petite dimension est au-dessus de 1.

DÉSIGNATION DES CORPS.	POIDS du décimètre cube.	POIDS dont on peut charger les corps avec sécurité (sur 1 centim.)
PIERRES VOLCANIQUES, GRANITIQUES, SILICEUSES ET ARGILEUSES.	kil.	kil.
Basalte de Suède et d'Auvergne.	2,95	200
Lave dure du Vésuve.	2,60	59
Lave tendre de Naples.	1,97	23
Porphyre.	2,87	247
Granit vert des Vosges.	2,85	62
Granit gris de Bretagne.	2,74	65
Granit de Normandie, dit Garmos.	2,66	70
Granit gris des Vosges.	2,64	42
Grès très-dur, blanc ou roussâtre.	2,50	87
Grès tendre.	2,49	0,4
Pierre de porc ou puante (argileuse). . .	2,66	68
Pierre grise de Florence (argileuse à grain fin)	2,56	42
PIERRES CALCAIRES.		
Marbre noir de Flandre	2,72	79
Marbre blanc veiné, statuaire et turquin.	2,69	31
Pierre noire de Saint-Fortunat, très-dure et coquilleuse.	2,65	63
Roche de Châtillon, près Paris, dure et un peu coquilleuse.	2,39	17
Liais de Bagneux, près Paris, très-dur, à grain.	2,44	44
Roche douce de Châtillon.	2,08	13
Roche d'Arcueil, près Paris.	2,30	25
Pierre de Saillancourt, près Pontoise. . . . . 1re qualité. .	2,41	14
2e qualité. .	2,29	12
3e qualité. .	2,10	9
Pierre de Conflans, employée à Paris. . .	2,07	9
Pierre tendre (lambourde, vergelée) employée à Paris (résistant à l'eau). . . .	1,80	6
Calcaire dur de Givry, près Paris.	2,36	31
Calcaire de Givry.	2,07	12
Brique rouge.	2,17	6
Brique rouge pâle.	2,09	4
Brique de Hammersmith.	»	7
Brique de Hammersmith brûlée et vitrifiée.	»	10
PLATRES ET MORTIERS.		
Plâtre gâché à l'eau.	»	5
Plâtre gâché au lait de chaux.	»	7,3
Mortier ordinaire en chaux et sable. . . .	»	3,50
Mortier en ciment et tuileaux pilés. . . .	»	4,80
Mortier en grès pilés.	»	2,00
Mortier en pouzzolane de Naples et de Rome, ...	»	3,70
Béton en bon mortier de 18 mois.	»	4

Extrait de l'Agenda Oppermann. Baudry et Cie, éditeurs.

L'Électricien

REVUE INTERNATIONALE DE L'ÉLECTRICIT

et de ses applications

PARAISSANT TOUS LES SAMEDIS

Avec la Collaboration

DE MM. ALIAMET, ANDRÉOLI, BAIGNÈRES, BAINVILLE
J. BERTHON, E. BOISTEL, A. BOUCHON
P. F. CHALON, F. DROUIN, G. DUMONT, CH. FÉRY, O. HELM
F. HÉRARD, JAULIN, A. JOUBERT, LEBIEZ
LEFÈVRE, LEROY, MEYLAN, MICHAUT, L. MONTILLOT
A. MOUTIER, NODON, A. PALAZ
RECHNIEWSKI, P. SIMON, Dʳ R. VIGOUROUX, H. WUILLEUMIER

Rédacteur en chef : J.-A. MONTPELLIER

Secrétaire de la Rédaction : GEORGES DARY

Prix de l'Abonnement :

FRANCE....... 20 fr. par an. | UNION POSTALE. 25 fr. par a

LE NUMÉRO : 50 centimes

ADMINISTRATION & RÉDACTION

18, rue des Fossés-Saint-Jacques

PARIS

RENSEIGNEMENTS PHYSIQUES

Résistance à la traction des fils de fer et d'acier.

Tableau publié par la Compagnie de Châtillon et Commentry.

NUMÉROS DES CATÉGORIES.	RÉSISTANCE DES FILS CLAIRS par millimètre carré de section.		RÉSISTANCE MOYENNE admise dans le calcul des câbles par millimètre carré.	NOMBRE MOYEN de pliages entre mâchoires arrondies de 10 millimèt. de rayon.	
	avant câblage.	après câblage.		fil n° 12.	fil n° 13.
	kilogr.	kilogr.	kilogr.		
I. Métal doux......	65 à 75	55 à 75	60	19	14
II. Qualité ordinaire.	85 à 95	75 à 85	80	19	14
III. Qualité à grande résistance......	130 à 140	115 à 125	120	20	18
IV. Qualité supér..	150 à 160	135 à 145	140	24	21
V. Qualité extra-supérieure.......	210 à 225	195 à 205	200	30	23

Les résistances inscrites dans ce tableau sont celles des fils clairs de diamètres moyens voisins du n° 12 (1); mais sur des diamètres différents on observerait naturellement, pour une même catégorie, des écarts sensibles avec ces indications. Le tréfilage augmente, comme on sait, la résistance du métal; celle-ci sera donc plus élevée sur les fins numéros que sur les gros; mais, par contre, l'allongement élastique s'accroît avec le diamètre.

Pour avoir, tout au moins, une idée approximative, on peut admettre que dans les deux premières catégories, par exemple, la résistance moyenne va en augmentant de 2 kilog. environ par numéro au-dessous du n° 12. Pour les catégories supérieures, cette influence est encore bien plus sensible, et l'accroissement de résistance peut atteindre 7 à 8 kilog. par numéro. Le nombre des pliages est aussi d'autant plus grand que le diamètre du fil est plus petit.

La galvanisation détermine, d'autre part, un certain adoucissement du métal, et la résistance des fils galvanisés est généralement inférieure à celle des fils clairs. Dans les deux premières catégories, toutefois, cette réduction est très faible et ne dépasse guère 1 à 2 p. 100 pour les numéros voisins du n° 12; mais pour les fils plus fins et pour les qualités supérieures, elle est plus forte et peut même dépasser 10 p. 100.

Le câblage entraîne enfin une certaine réduction de résistance des fils de sorte que la résistance totale du câble est inférieure à la somme des résistances individuelles avant câblage de ceux-ci. On admet souvent, pour avoir toute sécurité, que le rapport de ces deux quantités est de 7/8, et c'est la réduction qu'on accepte, en général, sur les câbles à simple enveloppe; mais, d'ailleurs, elle varie beaucoup avec la composition de ceux-ci. Cette réduction augmente enfin sur les câbles à double et triple enveloppe, surtout lorsque les fils employés sont de petits diamètres.

Pour les compositions en grelins, elle est encore plus forte, et, avec des grelins en fils fins, elle dépasse même parfois le 1/4 de la résistance avant câblage.

Extrait de l'Agenda Oppermann. Baudry et Cie, éditeurs.

VI. RENSEIGNEMENTS CHIMIQUES.

Équivalents chimiques des corps simples.

On sait que l'on appelle équivalents chimiques les poids proportionnels sous lesquels les corps simples entrent en combinaison les uns avec les autres pour former les corps composés.

NOMS DES CORPS.	SYMBOLES chimiques.	ÉQUIVALENTS chimiques.	POIDS spécifiques.
MÉTALLOÏDES			
Arsenic	As	75,00	5,630
Azote	Az	14,00	0,9714
Bore	Bo	11:00	2,68
Brome	Br	80,00	2,970
Carbone	C	6,00	—
Chlore	Cl	35,50	2,45
Fluor	Fl	19,00	—
Hydrogène	H	1,00	0,0692
Iode	I	127,00	4,950
Oxygène	O	8,00	1.1056
Phosphore	Ph	31,00	1,84
Sélénium	Se	39,75	4,50
Silicium	Si	14,00	2,49
Soufre	S	16,00	1,97
Tellure	Te	64,00	6.26
MÉTAUX			
Aluminium	Al	13,75	2,56
Antimoine	Sb	120,30	6,71
Argent	Ag	108,00	10,47
Baryum	Ba	68,50	1,85
Bismuth	Bi	210,00	9,80
Cadmium	Cd	56,00	8.65
Calcium	Ca	20,00	1,58
Cerium	Ce	70,65	—
Chrome	Cr	26,20	6,80
Cobalt	Co	29,50	7,81
Cœsium	Cs	132,60	—
Cuivre	Cu	31,75	8,95
Didyme	Di	73,50	—

Extrait de l'Agenda Oppermann, Baudry et Cie éditeurs.

RENSEIGNEMENTS CHIMIQUES

NOMS DES CORPS.	SYMBOLES chimiques.	ÉQUIVALENTS chimiques.	POIDS spécifiques.
	MÉTAUX		
Erbium.................	Er	85,27	—
Etain..................	Sn	59,00	7,29
Fer....................	Fe	28,00	7,78
Gallium	Ga	34,50	—
Glucinium.............	Gl	6,95	2,10
Indium................	In	56,70	7,20
Iridium...............	Ir	96,61	22,40
Lantane...............	La	69,50	—
Lithium...............	Li	7,00	0,59
Magnésium.............	Mg	12,00	1,75
Manganèse............	Mn	27,60	7,20
Mercure...............	Hg	100,00	13,59
Molybdène	Mo	48,00	8,60
Nickel................	Ni	29,50	8,50
Niobium...............	Nb	47,00	6,40
Or....................	Au	196,20	19,36
Osmium	Os	99,50	21,30
Palladium.............	Pd	53,25	11,80
Pelopium..............	Pp	—	—
Platine...............	Pt	98,50	21,50
Plomb.................	Pb	103,50	11,35
Potassium.............	K	39,14	0,86
Rhodium...............	Rh	52,16	12,10
Rubidium	Rb	85,36	1,52
Ruthénium.............	Ru	52,00	11,40
Sodium	Na	23,00	0,97
Strontium.............	St	43,75	2,54
Tantale...............	Ta	91,00	10,78
Terbium...............	Te	29,60	—
Thallium	Tl	204,00	11,86
Thorium	Th	116,95	7,75
Titane................	Ti	25,00	5,30
Tungstène.............	W	92,00	17,60
Uranium	U	120,00	18,40
Vanadium.............	Vn	51,30	5,50
Yttrium...............	Y	47,77	—
Zinc..................	Zn	33,00	7,19
Zirconium.............	Zr	44,80	4,15

Extrait de l'Agenda Oppermann. Baudry et Cie, éditeurs.

L'INDUSTRIE ÉLECTRIQUE

REVUE DE LA SCIENCE ÉLECTRIQUE

ET DE SES APPLICATIONS INDUSTRIELLES

PARAISSANT LE 10 ET LE 25 DE CHAQUE MOIS

FONDATEURS

MM.

ABDANK-ABAKANOWICZ, Ingénieur-Conseil ;
RENÉ ARNOUX, Ingénieur-Conseil de la Compagnie continentale Edison ;
PAUL BARBIER, Électricien, fondé de pouvoirs de la Société Leclanché et Cⁱᵉ ;
BARDON, Constructeur ;
J. CARPENTIER, Ingénieur-Constructeur ;
COMPAGNIE CONTINENTALE EDISON ;
FRAGER, Administrateur de la Compagnie pour la fabrication des compteurs ;
H. FONTAINE, Ingénieur civil ;
X. GARNOT, Ingénieur, Entrepreneur de Stations centrales d'énergie électrique ;
CH.-ED. GUILLAUME, Attaché au bureau international des Poids et Mesures ;
JEAN-JACQUES HEILMANN, Ingénieur ;
E. HOSPITALIER, Ingénieur des Arts et Manufactures, Professeur à l'Ecole de physique et de chimie industrielles de la Ville de Paris ;
HOURY, Ingénieur des Arts et Manufactures, fabricant de fils et câbles électriques ;
E. JULIEN, Ingénieur ;
J. LAFFARGUE, Ingénieur-Électricien ;
A. LAHURE, Imprimeur-Éditeur ;
P. LEMONNIER, Ingénieur ;

MM.

AUG. LALANCE, Administrateur-Délégué de la Société anonyme d'éclairage électrique du Secteur de la place Clichy ;
MAISON BREGUET ;
G. MASSON, Libraire-Éditeur ;
MENIER, Manufacturier ;
CH. MILDE, Constructeur-Électricien ;
LOUIS MORS, Ingénieur-Électricien ;
R.-V. PICOU, Ingénieur des Arts et Manufactures ;
POSTEL-VINAY, Ingénieur-Constructeur ;
JULES RICHARD, Ingénieur-Constructeur, de la maison Richard frères ;
F. DE ROMILLY ;
G. ROUX, Chef des travaux pratiques d'électricité à l'Ecole de physique et de chimie industrielles de la ville de Paris ;
SCHNEIDER ET Cⁱᵉ, Usines du Creusot ;
SOCIÉTÉ ALSACIENNE DE CONSTRUCTIONS MÉCANIQUES ;
SOCIÉTÉ ANONYME CANCE ;
SOCIÉTÉ POUR LA TRANSMISSION DE LA FORCE PAR L'ELECTRICITE ;
SOCIÉTÉ POUR LE TRAVAIL ÉLECTRIQUE DES MÉTAUX ;
E. THURNAUER, Directeur du bureau de Paris de la Thomson-Houston international Electric Cⁱᵉ ;
GASTON TISSANDIER, Directeur de La Nature ;
LAZARE WEILLER, Manufacturier

RÉDACTEUR EN CHEF : E. HOSPITALIER
SECRÉTAIRE DE LA RÉDACTION : LE CARPENTIER

ABONNEMENTS
Paris et Départements : Un an . . . . . . 24 francs
Union postale : Un an . . . . 26 francs

PRIX DU NUMÉRO : UN FRANC

S'adresser pour tout ce qui concerne la Rédaction à M. E. Hospitalier, rue de Chantilly, nᵒ 12, et pour l'Administration, les Abonnements, les Annonces, etc., à M. Lahure, rue de Fleurus, nᵒ 9.

PARIS

A. LAHURE, IMPRIMEUR-ÉDITEUR

9, RUE DE FLEURUS, 9

RENSEIGNEMENTS CHIMIQUES

Composition chimique et solubilité dans l'eau de divers corps.

NOMS DES CORPS.	FORMULE chimique.	COMPOSITION chimique.		NOMBRE DE KILOG. solubles dans 100 kilog. d'eau à la température de 10e centigrades.
Alumine..................	Al²O³	Al O	53.26 46.74	insol.
Alun	KOSO³,Al²O³ 3SO³+24aq	KOSO³ 18.35 Al²O³3SO³ 36.07 Eau 45.58		4.5
Acide arsénieux........	AsO³	As O	75.81 24.19	1
Acide azotique	AzO⁵HO	Az O H	22.22 76.19 1.59	∞
Acide borique..........	BO³	B O	31.22 68.78	3.9
Acide carbonique......	CO²	C O	27.27 72.73	ass. sol.
Acide chlorhydrique(gaz)	HCl	Cl H	97.25 2.75	très sol.
Acide chlorhydrique (liquide) à 24° B........	—	HCl Eau	40.00 60.00	∞
Acide silicique.........	SiO³	Si O	48.08 51.92	insol.
Acide sulfhydrique (gaz)	HS	S H	94.13 5.87	peu sol.
Acide sulfureux........	SO²	S O	50.00 50.00	peu sol.
Acide sulfurique à 66°..	SO³HO	S O H	32.65 65.30 2.05	∞
Ammoniac (gaz)	AzH³	Az H	82.35 17.65	très sol.
Ammoniaque (liquide).	—	AzH³ Eau	36.00 64.00	∞
Azotate d'argent.......	AgOAzO⁵	AgO AzO⁵	68.27 31.73	100
Azotate de potasse.....	KOAzO³	KO AzO⁵	46.53 53.47	30
Azotate de soude.......	NaOAzO⁵	NaO AzO⁵	36.47 63.53	85
Baryte	BaO	Ba O	89.54 10.46	4

Extrait de l'Agenda Oppermann. Baudry et Cᵢᵉ, éditeurs.

RENSEIGNEMENTS CHIMIQUES

NOMS DES CORPS.	FORMULE chimique.	COMPOSITION chimique.		NOMBRE DE KILOG. solubles dans 100 kilog. d'eau à la température de 10° centigrades.
Carbonate de baryte ...	$BaOCO^2$	BaO CO^2	77.66 23.34	insol.
Carbonate de chaux....	$CaOCO^2$	CaO CO^2	56.00 44.00	insol.
Carbonate de plomb....	$PbOCO^2$	PbO CO^2	83.52 16.48	insol.
Carbonate de potasse...	$KOCO^2$	KO CO^2	68.11 31.89	150
Carbonate de soude....	$NaOCO^2$	NaO CO^2	58.50 41.50	15
Chaux................	CaO	Ca O	71.56 28.44	0.18
Chlorate de potasse.....	$KOClO^5$	K O Cl	31.84 39.18 28.98	5.6
Chlorure d'argent......	$AgCl$	Ag Cl	75.27 24.73	insol.
Chlorure de calcium ...	$CaCl$	Ca Cl	36.04 63.96	400
Chlorure d'or..........	Au^2Cl^3	Au Cl	65.16 34.84	65
Chlorure de sodium.....	$NaCl$	Na Cl	39.31 60.69	35
Eau.................	HO	H O	11.11 88.89	—
Eau oxygénée.........	HO^2	H O	5.89 94.11	∞
Magnésie.............	MgO	Mg O	61.29 38.71	0.02
Oxyde d'antimoine.....	Sb^2O^3	Sb O	84.32 15.68	insol.
Oxyde de carbone......	CO	C O	42.86 57.14	insol.
Oxyde de cuivre........	CuO	Cu O	79.82 20.18	insol.
Oxyde d'étain	SnO	Sn O	88.03 11.97	insol.
Oxyde de fer...........	FeO	Fe O	77.23 22.77	insol.
Oxyde de fer magnéti-que................	Fe^3O^4	Fe O	71.78 28.22	insol.

Extrait de l'Agenda Oppermann. Baudry et Cie, éditeurs.

La Revue illustrée

RENSEIGNEMENTS CHIMIQUES

NOMS DES CORPS.	FORMULE chimique.	COMPOSITION chimique.		NOMBRE DE KILOG. solubles dans 100 kilog. d'eau à la température de 10° centigrades.
Oxyde de fer (sesqui-oxyde.............	Fe²O³	Fe	69.34 / O 30.66	insol.
Oxyde de mercure......	HgO	Hg	92.59 / O 7.41	insol.
Oxyde de nickel........	NiO	Ni	78.69 / O 21.21	insol.
Oxyde de zinc..........	ZnO	Zn	80.26 / O 19.74	insol
Potasse.................	KO	K	83.05 / O 16.95	très sol.
Soude...........	NaO	Na	74.42 / O 25.58	60
Strontiane.............	StO	St	84.55 / O 15.45	—
Sulfate de baryte.......	BaOSO³	BaO	65.66 / SO3 34.34	insol.
Sulfate de chaux.......	CaOSO³+2aq	CaO 32.55 / SO3 46.54 / eau 20.94	0.2
Sulfate de cuivre.......	CuOSO³+5aq	CuO 31.87 / SO3 32.06 / eau 36.07	37
Sulfate de fer..........	FeOSO³+7aq	FeO 19 75 / SO3 34.75 / eau 45.50	60
Sulfate de potasse......	KOSO³	KO	54.00 / SO3 46.00	10
Sulfate de soude.......	NaOSO³	NaO	43.67 / SO3 56.33	10
Sulfure de carbone.....	CS²	C	15.79 / S 84.21	insol.

Composition de l'air.

	en volume	en poids
Oxygène.........................	20,93	23
Azote.............................	79,07	77
Acide carbonique 4 à 6 dix millièmes en volume.		

Extrait de l'Agenda Oppermann. Baudry et Cie, éditeurs.

RENSEIGNEMENTS CHIMIQUES

Composition chimique, température d'ébullition et solubilité dans l'eau des composés organiques les plus usuels.

NOMS DES CORPS.	FORMULE CHIMIQUE	TEMPÉRATURE d'ébullition.	NOMBRE DE KILOG. solubles dans 100 kilog. d'eau à la température de 10° centigrades.
HYDROCARBURES.			
Anthracène............	$C^{28}H^{10}$	360	ins.
Benzine.................	$C^{12}H^{6}$	80.5	ins.
Essence de térébenthine.	$C^{20}H^{16}$	156.8	ins.
Hydrogène bicarboné....	$C^{4}H^{4}$	gaz	p. sol.
Hydrogène protocarboné.	$C^{2}H^{4}$	gaz	p. sol.
Naphtaline..............	$C^{20}H^{8}$	218	ins.
Tolu-.e.................	$C^{14}H^{8}$	111	ins.
SUCRES.			
Glucose.................	$C^{12}H^{12}O^{12}$	—	t. s.
Lactose (sucre de lait)...	$C^{24}H^{22}O^{22}$	—	20
Saccharose (sucre de canne).................	$C^{24}H^{22}O^{22}$	—	360
HYDRATES DE CARBONE.			
Amidon.................	$C^{12}H^{10}O^{10}$	—	ins.
Cellulose...............	$C^{12}H^{10}O^{10}$	—	ins.
— nitrique (coton poudre)............	$C^{12}H^{7}Az^{3}O^{22}$	—	ins.
Dextrine................	$C^{12}H^{10}O^{10}$	—	sol.
ALCOOLS ET ÉTHERS.			
Alcool méthylique (esprit de bois)................	$C^{2}H^{4}O^{2}$	66°3	∞
Alcool ordinaire (éthylique)................	$C^{4}H^{6}O^{2}$	78.3	∞
Aldéhyde...............	$C^{4}H^{4}O^{2}$	20.8	∞
Chloroforme............	$C^{2}HCl^{3}$	63.0	ins.
Ether (ordinaire)........	$C^{8}H^{10}O^{2}$	35.5	10
Glycérine...............	$C^{6}H^{8}O^{6}$	290.4	∞
Nitroglycérine..........	$C^{6}H^{5}Az$	—	ins.
Phénol.................	$C^{12}H^{6}O^{2}$	183.0	6
ACIDES.			
Acide acétique.........	$C^{4}H^{4}O^{4}$	120	∞
Acide citrique..........	$C^{12}H^{8}O^{4}$	—	200
Acide lactique..........	$C^{6}H^{6}O^{6}$	—	∞
Acide margarique.......	$C^{34}H^{34}O^{4}$	—	ins.
Acide oléique..........	$C^{36}H^{34}O^{4}$	—	ins.
Acide oxalique.........	$C^{4}H^{2}O^{8}+2aq$	—	13

Extrait de l'Agenda Oppermann, Baudry et Cⁱᵉ, éditeurs.

RENSEIGNEMENTS CHIMIQUES

NOMS DES CORPS.	FORMULE CHIMIQUE.	TEMPÉRATURE d'ébullition.	NOMBRE DE KILOG. solubles dans 100 kilog. d'eau à la température de 10e centigrades.
ACIDES.			
Acide stéarique.........	$C^{36}H^{36}O^4$	—	ins.
Acide tannique..........	$C^{54}H^{22}O^J$.	—	t. s.
Acide tartrique..........	$6O^{12}$	—	25
ALCALIS ORGANIQUES			
Aniline..........	$C^{12}H^7Az$	182	3
Méthylamin	C^2H^5Az	—3	t. s.
Morphine...............	$C^{34}H^{19}AzO^6$	—	0.1
Nicotine...............	$C^{20}H^{14}Az^2$	250	t. s.
Quinine................	$C^{40}H^{24}Az^2O^4$	—	0.05
Strychnine........... ..	$C^{42}H^{20}Az^2O^4$	—	0.02
MATIÈRES ANIMALES.			
Albumine...............	$C^{144}H^{112}Az^{18}S^2O^{44}$	—	sol.
Caséine.................	id.	—	sol.
Gélatine...............	id.	—	sol.

Mortiers et ciments.

Volume de pâte obtenue avec 100 volumes de chaux vive éteinte par la méthode ordinaire :

     Chaux grasse....................... 250 à 300
     Chaux hydraulique.... .... 140 à 175

Indice d'hydraulicité des différentes chaux ou rapport du poids des matières hydraulisantes (argile) à celui de la chaux.

     Chaux faiblement hydraulique....... 0,10 à 0,16
     — moyennement — .... 0,16 à 0.31
     — simplement — .... 0,31 à 0,42
     — éminemment — .... 0,42 à 0,50

Composition du mortier de chaux.

	SABLE.	CHAUX EN PATE.
Mortiers gras	1mc	1mc,5
Mortiers moyens	1mc	0mc,40 à 0mc,50
Mortiers maigres.............	1mc	0mc,40 à 0mc,30

Extrait de l'Agenda Oppermann, Baudry et Cie, éditeurs.

RENSEIGNEMENTS CHIMIQUES

BRONZES ET LAITONS

Bronze d'aluminium. | Cuivre....... 90 / Aluminium.. 10

	CUIVRE.	ÉTAIN.	ZINC.
Bronze des médailles................	c6 à 90	12 à 8	2
Bronze des canons.:.................	90	10	»
Bronze des cloches..................	78	22	»
Bronze blanc des télescopes..........	67	35	»
Bronzes pour machines..............			
(Usité au chemin de fer de Lyon)			
1° Pour pièces à frottement circulaire, telles que coussinets de bielles. etc.	82	16	2
2° Pour pièces à frottement alternatif, telles que tiroirs, sièges de soupapes, écrous de vis de frein, etc..	84	14	2
3° Pour pièces non sujettes à frottement continu, telles que robinets, écrous, etc............................	90	8	2
Bronze pour hélices de navires.......	88	10	2
Laiton pour tubes à fumée de chaudières et pour planches laminées...	70	»	30
Laiton ordinaire pour pièces de machines.................................	67	»	33
Laiton pour quincaillerie.............	65	»	25
Soudure forte pour le cuivre rouge...	50	»	50

ALLIAGES DIVERS

Métal antifriction pour coussinets et tiroirs de machines marines.................................... | Cuivre........ 8 / Étain .... 90 / Antimoine.... 8

Métal blanc pour coussinets de vagons de chemins de fer................................... | Cuivre..... 5,555 / Étain...... 83,333 / Antimoine. 11,111

Métal blanc pour garnitures de tiges de piston de locomotives .... | Étain......... 14 / Plomb........ 76 / Antimoine.... 10

Soudures à l'étain.. { pour ferblantiers .... | Étain........ 45 / Plomb....... 55
{ pour zingueurs............ | Étain......... 40 / Plomb 60
{ pour plombiers............ | Étain......... 36 / Plomb........ 64

Alliage des potiers d'étain (robinets, vaisselle, etc.). | Étain......... 92 / Plomb........ 8

Caractères d'imprimerie............................ | Plomb... 77 à 91 / Antimoine. 23 à 9

Maillechort pour réflecteurs de lanterne........... | Cuivre........ 60 / Zinc......... 20 / Nickel....... 20

Maillechort (pour pièces fondues)................. | Cuivre........ 58 / Zinc......... 24 / Nickel........ 16

Extrait de l'Agenda Oppermann, Baudry et Cie, éditeurs.

RENSEIGNEMENTS COMMERCIAUX

DIMENSIONS DU COMMERCE

POUR DIVERS OBJETS.

Tableau des fers carrés

depuis 1 millimètre jusqu'à 11 centimètres de grosseur
avec leur poids pour 1 mètre de longueur.

DIMEN-SIONS.	POIDS.		DIMEN-SIONS.	POIDS.		DIMEN-SIONS.	POIDS.	
mill.	kil.	gr.	mill.	kil.	gr.	mill.	kil.	gr.
1	0	008	38	11	246	75	43	806
2	0	031	39	11	806	76	44	983
3	0	070	40	12	461	77	46	176
4	0	125	41	13	092	78	47	382
5	0	195	42	13	738	79	48	605
6	0	280	43	14	400	80	49	843
7	0	382	44	15	078	81	51	097
8	0	498	45	15	771	82	52	367
9	0	631	46	16	479	83	53	653
10	0	779	47	17	204	84	54	952
11	0	942	48	17	945	85	56	208
12	1	121	49	18	699	86	57	600
13	1	316	50	19	470	87	58	947
14	1	526	51	20	257	88	60	310
15	1	752	52	21	059	89	61	689
16	1	994	53	21	876	90	63	088
17	2	251	54	22	710	91	64	486
18	2	523	55	23	559	92	65	918
19	2	811	56	24	423	93	67	358
20	3	115	57	25	303	94	68	815
21	3	435	58	26	199	95	70	287
22	3	769	59	27	110	96	71	774
23	4	120	60	28	036	97	73	262
24	4	486	61	28	979	98	74	776
25	4	868	62	29	937	99	76	330
26	5	265	63	30	911	100	77	880
27	5	677	64	31	900	101	79	445
28	6	106	65	32	884	102	81	026
29	6	550	66	33	925	103	82	623
30	7	009	67	34	960	104	84	235
31	7	484	68	36	012	105	85	863
32	7	975	69	37	079	106	87	506
33	8	481	70	38	161	107	89	164
34	9	003	71	39	259	108	90	839
35	9	540	72	40	373	109	92	529
36	10	093	73	41	502	110	94	235
37	10	662	74	42	647			

Extrait de l'Agenda Oppermann. Baudry et Cie, éditeurs.

Librairie GAUTHIER-VILLARS et Fils

QUAI DES GRANDS-AUGUSTINS, 55, PARIS

APPERT (Léon) et HENRIVAUX (Jules), Ingénieurs. — **Verre et verrerie.** Grand in-8, avec 136 figures et un atlas de 14 planches in-4; 1894 .... **20 fr.**

BRICKA (C.), Ingénieur en Chef des Ponts et Chaussées, Ingénieur en Chef de la voie et des bâtiments aux Chemins de fer de l'État. — **Cours de chemins de fer** *professé à l'École nationale des Ponts et Chaussées.* 2 beaux volumes grand in-8, se vendant séparément. **20 fr.**

DENFER (J.), Architecte, Professeur à l'École Centrale. — **Architecture et constructions civiles. — Couverture des édifices.** *Ardoises, tuiles, métaux, matières diverses, chéneaux et descentes.* Grand in-8 de 469 pages, avec 423 figures; 1893 .... **20 fr.**

— — **Charpenterie métallique.** *Menuiserie en fer et serrurerie.* 2 volumes grand in-8, se vendant séparément .... **20 fr.**

GOUILLY (Alexandre), Ingénieur des Arts et Manufactures, Répétiteur de mécanique appliquée à l'École Centrale. — **Éléments et organes des machines.** Un vol. grand in-8, avec 710 figures; 1894 .... **12 fr.**

GUIGNET (Ch.-Er.), Ingénieur (École polytechnique), Directeur des teintures aux Manufactures nationales des Gobelins et de Beauvais; DOMMER (F.), Ingénieur des Arts et Manufactures, Professeur à l'École de Physique et de Chimie industrielles de la ville de Paris, et GRANDMOUGIN (E.), chimiste, Ancien préparateur à l'École de Chimie de Mulhouse. — **Industries textiles. Blanchiment et apprêts. Teinture et impression. Matières colorantes.** Un volume grand in-8 de 656 pages, avec 320 figures et échantillons de tissus imprimés; 1895 .... **30 fr.**

HENRY (Ernest), Inspecteur général des Ponts et Chaussées, Directeur du personnel au Ministère des Travaux publics. — **Ponts sous-rails et Pont-routes à travées métalliques indépendantes. Formules, Barèmes et Tableaux.** Un volume grand in-8, avec 267 figures; 1894 .... **20 fr.**

RENSEIGNEMENTS COMMERCIAUX

Tableau des fers ronds

depuis 2 millimètres jusqu'à 10 centimètres de diamètre
avec leur poids pour 1 mètre de longueur.

DIAMÈTRE.	POIDS.		DIAMÈTRE.	POIDS.		DIAMÈTRE.	POIDS.	
mill.	kil.	gr.	mill.	kil.	gr.	mill.	kil.	gr.
2	0	024	35	7	496	68	28	294
3	0	055	36	7	930	69	29	133
4	0	098	37	8	377	70	29	983
5	0	158	38	8	836	71	30	846
6	0	220	39	9	307	72	31	721
7	0	300	40	9	791	73	32	548
8	0	392	41	10	280	74	33	508
9	0	496	42	10	794	75	34	119
10	0	612	43	11	314	76	35	343
11	0	740	44	11	846	77	36	280
12	0	881	45	12	391	78	37	228
13	1	034	46	12	948	79	38	189
14	1	199	47	13	517	80	39	162
15	1	377	48	14	098	81	40	147
16	1	506	49	14	692	82	41	144
17	1	768	50	15	296	83	42	154
18	1	983	51	15	916	84	43	176
19	2	209	52	16	546	85	44	210
20	2	448	53	17	183	86	45	256
21	2	698	54	17	843	87	46	315
22	2	962	55	18	510	88	47	386
23	3	237	56	19	189	89	48	469
24	3	525	57	19	881	90	49	563
25	3	824	58	20	584	91	50	671
26	4	136	59	21	300	92	51	791
27	4	461	60	22	028	93	52	923
28	4	797	61	22	769	94	54	067
29	5	146	62	23	521	95	55	224
30	5	507	63	24	286	96	56	393
31	5	880	64	25	063	97	57	574
32	6	266	65	25	853	98	58	644
33	6	664	66	26	654	99	59	972
34	7	074	67	27	468	100	61	190

Pour trouver le poids des fers ronds, il faut carrer le diamètre exprimé en millimètres, et multiplier le résultat par 6,119. On a ainsi le poids d'un mètre de longueur, exprimé en grammes.

Proportions et Espacements

A DONNER AUX RIVURES DANS LES CONSTRUCTIONS EN TOLE ET EN FERS SPÉCIAUX.

L'importance croissante des travaux en tôle et en fer forgé qui s'exécutent aujourd'hui donne un intérêt pratique et direct à tous les renseignements généraux qui se rapportent à ce genre de constructions.

Voici un tableau des proportions et des espacements à donner aux rivures, d'après l'observation d'un grand nombre d'exemples.

On ne les considérera toutefois que comme des moyennes empiriques, en deçà et au-delà desquelles on aura toute liberté de se placer selon les nécessités d'agencement et de correspondance de chaque cas particulier.

Pour avoir la longueur des rivets à employer, il faut ajouter à l'épaisseur des parties à réunir 1 fois 1/2 le diamètre du rivet et ajouter 1 millimètre en sus pour chaque épaisseur de tôle au-dessus de deux.

Extrait de l'Agenda Oppermann. Baudry et Cie, éditeurs.

RENSEIGNEMENTS COMMERCIAUX

Fils de fer et d'acier.

TABLEAU COMPARÉ DES JAUGES ANGLAISE ET DE PARIS

NUMÉROS FRANÇAIS.	NUMÉROS ANGLAIS.	DIAMÈTRE DES FILS en dixièmes de millimètre.	SECTION en MILLIMÈTRES carrés.	POIDS de 1 000 MÈTRES.	LONGUEUR d'un KILOGRAMME.
			mm²	kilog.	mètres.
P	25	5	0,196	1,53	655,60
1	24	6	0,287	2,20	454,54
2	23	7	0,385	3 «	333,33
3	22	8	0,503	3,92	255,10
4	21	9	0,636	4,96	201,61
5	20	10	0,785	6,12	163,10
6	19	11	0,950	7,41	134,95
7	18	12	1,130	8,81	113,50
8	«	13	1,327	10,35	96,62
9	17	14	1,539	12 «	83,33
10	«	15	1,767	13,78	72,57
11	16	16	2,011	15,68	63,77
12	15	18	2,545	19,84	50,40
13	«	20	3,142	24,48	40,85
14	14	22	3,801	29,64	33,74
15	13	24	4,524	35,28	28,34
16	12	27	5,725	44,63	22,40
17	11	30	7,068	55,13	18,14
18	10	34	9,079	70,82	14,12
19	9	39	12,045	93,17	10,73
20	8	44	15,205	118,59	8,43
«	7	46	16,619	129,62	7,71
21	«	49	18,857	147,08	6,80
«	6	52	21,237	165,63	6,04
22	«	54	22,902	178,63	5,59
«	5	56	24,630	192,03	5,21
23	«	59	27,340	213,24	4,69
24	«	64	32,170	250,91	3,99
«	3	66	34,212	266,84	3,75
25	«	70	38,485	300,19	3,33
«	2	72	40,715	317,57	3,15
26	1	76	45,365	353,84	2,82
27	0	82	52,810	411,91	2,43
28	10	88	61,821	474,38	2,11
29	000	94	69,398	541,28	1,85
30	0000	100	78,541	612,59	1,63

Extrait de l'Agenda Oppermann, Baudry et Cⁱᵉ, éditeurs.

— 136 —

RENSEIGNEMENTS COMMERCIAUX

Tubes en fer pour grilles, stores, rampes d'escalier et travaux de serrurerie.

DIAMÈTRE extérieur.	ÉPAISSEUR.	POIDS par mètre.	DIAMÈTRE extérieur.	ÉPAISSEUR.	POIDS par mètre.
mill.	mill.	kil.	mill.	mill.	kil.
14	1,6	0,500	32	1,8	1,330
16	1,6	0,565	35	2,2	1,760
18	1,6	0,645	40	2,3	2,130
20	1,6	0,720	45	2,5	2,600
22	1,8	0,860	50	3,"	3,440
25	1,8	1,045	55	3,5	4,410
28	1,8	1,150	60	3,5	4,840
30	1,8	1,240			

Tubes en fer soudés par recouvrement
pour locomotives, chaudières tubulaires et transmissions de vapeur.

DIAMÈTRE extérieur.	ÉPAISSEUR.	POIDS du mètre.	DIAMÈTRE extérieur.	ÉPAISSEUR.	POIDS du mètre.
mill.	mill.	kil.	mill.	mill.	kil.
25	2	1,150	140	4 1/2	14,950
30	2	1,400	145	4 1/2	15,500
32	2	1,500	150	4 1/2	16,100
35	2	1,650	155	5	18,400
40	2 1/3	2,150	160	5	19
45	2 1/2	2,600	165	5 1/2	21,500
50	2 1/2	2,900	170	6	24,150
55	3	3,850	175	6	25,350
60	3	4,200	180	6 1/2	27,650
65	3	4,600	185	6 1/2	28,450
70	3	4,950	190	6 1/2	29,250
75	3 1/2	6,150	195	6 1/2	30,050
80	3 1/2	6,600	200	7	33,150
85	3 1/2	7	205	7	34
90	3 1/2	7,450	210	7	34,850
95	3 1/2	7,850	215	7	35,700
100	3 2/3	8,650	220	7 1/2	39,100
105	4	9,900	225	7 1/2	40
110	4	10,400	230	7 1/2	40,950
115	4 1/4	11,550	235	7 1/2	41,850
120	4 1/4	12,050	240	8	45,500
125	4 1/4	12,550	250	8	47,450
130	4 1/2	13,850	270	8	51,360
135	4 1/2	14,400	300	8	57,200

Extrait de l'Agenda Oppermann. Baudry et Cie, éditeurs.

RENSEIGNEMENTS COMMERCIAUX

Tableau des poids des plombs ouvrés.

PLOMB LAMINÉ

ÉPAISSEUR en m/m.	1 m.	2 m.	3 m.	4 m.	5 m.	6 m.	7 m.	8 m.
POIDS du mètre carré.	k. 11,35	k. 22,70	k. 34,05	k. 45,40	k. 56,75	k. 68,10	k. 79,45	k. 90,10

TUYAUX.

DIAMÈTR. intérieurs en millimèt.	1 m.	2 m	3 m	4 m	5 m	6 m	7 m	8 m	9 m	10 m
mill.	k.	k.	k.	k.	k.	k.	k.	k.	k.	k.
6	0.22	0,50	0,86	1,29	1,80	»	»	»	»	»
10	»	0,85	1,40	2,00	2,65	3,40	4,25	»	»	»
12	»	0,90	1,60	2 20	3,00	3,85	4,75	»	»	»
13	»	1,00	1,80	2,50	3,20	4,00	5,00	»	»	»
16	»	1,30	2,00	3,00	3,70	4,70	5,70	»	»	»
18	»	1,50	2 20	3,10	4,00	5,10	6,20	»	»	»
20	»	1,70	2,45	3,40	4,45	5,50	6,75	8.00	9,30	10,70
25	»	»	3,00	4,15	5,35	6,65	8,00	9,40	10,90	12,50
27	»	»	3,15	4,40	5,65	7,00	8,40	10,00	11,55	13,20
30	»	»	3,50	4,90	6,25	7,70	9,25	10,85	12,50	14,25
35	»	»	4,00	5,55	7,15	8,75	10,50	12,25	14,10	16,05
40	»	»	»	6,25	8,00	9,85	11,75	13,70	15,70	17,80
45	»	»	»	7,00	8,90	10,95	13,00	15,10	17,30	19,60
50	ı	»	»	»	9,80	12,00	14,10	16,55	18,95	21,40
55	•	»	»	»	10,70	13,05	15,35	17,95	20,55	23,15
60	»	»	»	»	11,60	14,10	16,70	19,40	22,15	24,95
65	»	»	»	»	12,40	15,00	18,00	20,80	23,75	26,75
70	»	»	»	»	13 35	16,25	19,20	22,25	25,35	28,50
80	»	»	»	»	15,15	18,40	21,70	25,10	28,55	32,10
95	»	»	»	»	17,80	21,60	25,45	29,40	33,35	37,45
110	»	»	»	»	20,50	24,80	29,20	33,65	38,20	42,80

POIDS D'UN MÈTRE LINÉAIRE DE L'ÉPAISSEUR DE :

Par couronnes de 10 mètres. — Par longueurs de 4 m.

Extrait de l'Agenda Oppermann. Baudry et Cie, éditeurs.

RENSEIGNEMENTS COMMERCIAUX

Table du poids d'un mètre carré de feuille de tôle en fer laminé, cuivre rouge, plomb, zinc, étain et argent, suivant les épaisseurs.

ÉPAISSEUR des feuilles.	TÔLE.	CUIVRE rouge.	PLOMB.	ZINC.	ÉTAIN.	ARGENT.
mill.	kil.	kil.	kil.	kil.	kil.	kil.
1/4	1.947	2.197	2.838	1.715	1.825	2.652
1/2	3.894	4.394	5.676	3.430	3.650	5.305
1	7.788	8.788	11.352	6.861	7.300	10.610
2	15.576	17.576	22.704	13.722	14.600	21.220
3	23.364	26.364	34.056	20.583	21.900	31.830
4	31.154	35.152	45.408	27.444	29.200	42.440
5	38.940	43.940	56.760	34.305	36.500	53.050
6	46.728	52.728	68.112	41.166	43.800	63.660
7	54.516	61.516	79.464	48.027	51.100	74.270
8	62.304	70.304	90.816	54.888	58.400	84.880
9	70.092	79.092	102.168	61.749	65.700	95.490
10	77.880	87.880	113.520	68.610	73.000	106.100
11	85.668	96.668	124.872	75.471	80.300	116.710
12	93.456	105.456	136.224	82.332	87.600	127.320
13	101.244	114.244	147.576	89.193	94.900	137.930
14	109.032	123.032	158.928	96.054	102.200	148.540
15	116.820	131.820	170.280	102.915	109.500	159.150
16	124.608	140.608	181.632	109.776	116.800	169.760
17	132.396	149.396	192.984	116.637	124.100	180.370
18	140.184	158.184	204.336	123.498	131.400	190.980
19	147.972	166.972	215.688	130.359	138.700	201.590
20	155.760	175.760	227.040	137.220	146.000	212.200

Cuivre rouge en planches

DIMENSIONS.	ÉPAISSEURS.				
	1/2 m/m	1 m/m	2 m/m	3 m/m	4 m/m
1m 40 × 1m 15.	7k20	14k40	28k80	43k20	57k60
2 " × 1 30.	—	24 »	48 »	72 »	96 »
2 30 × 1 30.	—	28 »	56 »	84 »	112 »
3 30 × 1 20.	—	36 »	72 »	108 »	144 »
4 " × 1 20.	—	44 »	88 »	132 »	176 »

Extrait de l'Agenda Oppermann. Baudry et Cie, éditeurs.

RENSEIGNEMENTS COMMERCIAUX

Tubes en fer soudés par rapprochement pour conduites d'eau et de gaz.

DIAMÈTRES		POIDS	DIAMÈTRES		POIDS
inté-rieur.	exté-rieur.	du mètre.	inté-rieur.	exté-rieur.	du mètre.
mill.	mill.	kil.	mill.	mill.	kil.
5	10	0,455	33	42	4,130
8	13	0,645	40	49	4,900
12	17	0,890	50	60	6,740
15	21	1,320	60	70	7,950
21	27	1,765	66	76	8,690
27	34	2,615	73	83	9,420
			80	90	10,400

Poids du mètre courant des tubes en cuivre rouge.

DIAMÈTRES EXTÉRIEURS en millim.	ÉPAISSEURS EN MILLIMÈTRES.								
	1	1 1/4	1 1/2	1 3/4	2	2 1/2	3	4	5
mill.	k.	k.	k.	k.	k.	k.	k.	k.	k.
10	0,304	0,393	0,483	0,572	0,663	0,870	1,078	1,548	2,073
15	0,442	0,566	0,691	0,815	0,939	1,216	1,492	2,101	2,464
20	0,580	0,739	0,898	1,057	1,216	1,562	1,907	2,654	3,455
25	0,719	0,912	1,105	1,299	1,492	1,908	2,322	3,207	4,146
30	0,857	1,085	1,313	1,541	1,769	2,254	2,737	3,760	4,837
35	0,995	1,258	1,520	1,783	2,045	2,599	3,150	4,313	5,528
40	1,134	1,431	1,728	2,025	2,322	2,944	3,566	4,866	6,219
45	1,272	1,604	1,935	2,267	2,598	3,289	3,981	5,419	6,910
50	1,410	1,776	2,143	2,509	2,875	3,634	4,396	5,972	7,601
55	1,590	1,949	2,350	2,751	3,151	3,979	4,810	6,525	8,292
60	1,714	2,122	2,557	2,993	3,428	4,324	5,225	7,078	8,993
65	1,895	2,295	2,765	3,253	3,704	4,669	5,640	7,631	9,674
70	2,150	2,468	2,972	3,477	3,981	5,015	6,055	8,184	10,365
75	2,228	2,641	3,180	3,719	4,257	5,361	6,469	8,732	11,058
80	2,407	2,814	3,387	3,961	4,534	5,707	6,884	9,289	11,749
85	2,548	2,987	3,595	4,203	4,810	6,053	7,299	9,842	12,440
90	2,995	3,160	3,802	4,445	5,087	6,399	7,714	10,395	13,131
95	3,085	3,333	4,010	4,887	5,363	6,745	8,128	10,948	13,822
100	3,148	3,406	4,217	5,229	5,640	7,091	8,543	11,501	14,513
105	3,321	3,771	4,424	5,610	5,916	7,437	8,958	12,054	15,204
110	3,520	4,052	4,995	5,772	6,193	7,783	9,373	12,607	15,896
115	4,015	4,418	5,320	6,049	6,469	8,129	9,787	13,160	16,587
120	4,442	4,957	5,832	6,350	6,746	8,478	10,201	13,713	17,278

Extrait de l'Agenda Oppermann. Baudry et Cie, éditeurs.

RENSEIGNEMENTS COMMERCIAUX
Nouveau tarif du zinc laminé.

En dimensions métriques, avec le poids des feuilles de chaque numéro dans les diverses dimensions.

NUMÉROS	ÉPAISSEUR DES FEUILLES	DIMENSIONS ET POIDS DES FEUILLES						POIDS MOYEN DU MÈTRE CARRÉ
		Pour doublage des navires.		Pour toitures et autres emplois.				
		Largeur 0m12 Longueur 1m12	Largeur 0m40 Longueur 1m30	Largeur 0m50 Longueur 2m	Largeur 0m65 Longueur 2m	Largeur 0m80 Longueur 2m00	Largeur 1m Longueur 2m	
	mm.	kg.	kg.	kg.	kg.	kg.	kg.	kg.
10	0,50	»	»	3,50	4,55	5,60	7,00	3,50
11	0,58	»	»	4,06	5,28	6,49	8,12	4,06
12	0,66	»	»	4,62	6,00	7,39	9,24	4,62
13	0,74	»	»	5,18	6,73	8,28	10,36	5,18
14	0,82	»	»	5,74	7,46	9,18	11,48	5,74
15	0,95	2,67	3,45	6,65	8,64	10,64	13,30	6,65
16	1,08	3,04	3,93	7,56	9,82	12,09	15,12	7,56
17	1,21	3,41	4,40	8,47	11,01	13,55	16,94	8,47
18	1,34	3,77	4,87	9,38	12,19	15,00	18,76	9,38
19	1,47	4,14	5,35	10,29	13,37	16,46	20,58	10,29
20	1,60	4,51	5,82	11,20	14,56	17,92	22,40	11,20
21	1,73	»	»	12,46	16,19	19,93	24,92	12,46
22	1,96	»	»	13,72	17,84	21,95	27,44	13,72
23	2,14	»	»	14,98	19,47	23,96	29,96	14,98
24	2,32	»	»	16,24	21,11	25,98	32,48	16,24
25	2,50	»	»	17,50	22,75	28,00	35,00	17,50
26	2,68	»	»	18,76	24,38	30,01	37,52	18,76
Surface de chaque feuille dans les diverses dimensions.		0m402	0m520	1m00	1m30	1m60	2m00	

OBSERVATION. — Les épaisseurs au-dessous du n° 10 sont employées pour le satinage des papiers ; elles sont d'un prix plus élevé que les numéros ordinaires.

Couvertures en zinc cannelé.

Dimensions des feuilles..	2m25 longr sur 0m85 largr totale ou 0m80. largr utile : surface de la feuille 1m91, surface développée 2m25.						
Numéros du zinc des feuilles..	12	13	14	15	16	17	18
Épaisseurs approximat. en mm.	mm 0,66	mm 0,74	mm 0,82	mm 0,95	mm 1,08	mm 1,21	mm 1,34
Poids moyen des feuilles......	10k39	11k65	12k91	14k96	17k01	19k06	21k10
Poids moyen du mètre carré..	5k44	6k10	6k76	7k83	8k90	9k98	11k05

NOTA. — On doit admettre une tolérance de 1/36 en plus ou en moins dans le poids de chaque feuille.

Extrait de l'Agenda Oppermann. Baudry et Cie, éditeurs.

Dimensions commerciales des Tôles
Du Dépôt du Creusot, à Paris.

Extrait de l'Agenda Oppermann, Baudry et Cie, éditeurs.

TÔLES DITES PUDDLÉES ANGLAISES ET « FER CREUSOT 2 ».				FER FORT supérieur Creusot 6.	ACIER DOUX « CREUSOT A ».		ACIER EXTRA DOUX « CREUSOT B, » DÉCAPÉES.	
Largeurs.	Longueurs.	Épaisseurs.	Poids par feuille.	Épaisseurs.	Épaisseurs.	Poids par feuille.	Épaisseurs.	Poids par feuille.
mill.	mill.	mill.	kilog.	mill.	mill.	kilog.	mill.	kilog.
660 × 1 000		"	"	"	"	"	0,39 à 0,78	2 à 4
660 × 1 650	0,35 à 5	3 à 10	"	0,35 à 3,50	3 à 30		
800 × 1 650	0,49 à 3,30	5 à 34	"	0,49 à 3,88	5 à 40		
800 × 2 000	{ 0,61 à 2,65	8 à 33	"	1 à 6	13 à 78	TÔLES CIRCULAIRES Pour fonds de chaudières Fer « Creusot 3 ».	
	3 à 6	39 à 78					
1 000 × 2 000	{ 0,51 à 2,70	8 à 44	} 7 à 15	} 0,51 à 2,70	8 à 42	Diamètres.	Épaisseurs.
	3 à 15	47 à 235		3 à 10	47 à 156	mill.	mill.
1 000 × 3 000	2 à 10	47 à 234	"		47 à 141	600	7 à 10
1 100 × 2 100	2 à 6	36 à 108	"	} 2 à 6	36 à 108	650	
1 200 × 2 000	2 à 6	38 à 113	"		38 à 113	700	
1 200 × 2 200	2 à 13	41 à 268	"		41 à 122	750	7 à 12
1 200 × 3 000	3 à 6	84 à 168	"	"		800	
1 300 × 2 000	3 à 6	61 à 122	"	} 2 à 6	41 à 128	1 000	8 à 12
1 300 × 2 300	2,50 à 13	58 à 303	"		47 à 141	1 200	10 à 14
1 300 × 3 000	3 à 6	91 à 183	"			1 300	
1 500 × 3 000	3 à 6	105 à 211	"	4 à 5	141 à 212		

TÔLES STRIÉES POUR PARQUETS

650 mill. × 2 000 mill. | 800 mill. × 2 000 mill. | 1 000 mill. × 2 000 | Épaisseur 6 mill. 1/2 à 7 mill., relief compris.

ALPHABET GREC

ROMAIN	VALEUR	IMPRIMERIE		ÉCRITURE (Grec moderne)		APPELLATION
a	a	A	α			alpha
b	b	B	6, β			bêta
g	gh	Γ	γ			gamma
d	d	Δ	δ			delta
e	é bref	E	ε			epsilonn
z	z, dz	Z	ζ			dzêta
ê	ê long	H	η			êta
th	th (t asp.)	Θ	θ			thêta
i	i	I	ι			iôta
k, c	k	K	χ			kappa
l	l	Λ	λ			lambda
m	m	M	μ			mu
n	n	N	ν			nu
x	x (ks)	Ξ	ξ			ksi
o	o bref	O	o			omicronn
p	p	Π	π			pi
r	r, rh	P	ρ			rô
s	s	Σ	σ, ς			sigma
t	t	T	τ			tau
u, y	u	Υ	υ			upsilonn
ph, f	f, ph	Φ	φ			phi
ch	kh, ch dur	X	χ			khi
ps	ps	Ψ	ψ			psi
ô	ô long	Ω	ω			oméga

Extrait du Petit Dictionnaire Larousse.

ALPHABET RUSSE

VALEUR	IMPRIMERIE		ÉCRITURE		APPELLATION
a	**А**	а			a
b	**Б**	б			bó
v	**В**	в			vé
gh	**Г**	г			ghé
d	**Д**	д			dó
é, ié	**Е**	е			ié
j	**Ж**	ж			jé
z	**З**	з			zé
i	**И**	и			i
ï, y	**I**	i			ï
k, c	**К**	к			ka
l	**Л**	л			èle
m	**М**	м			ème
n	**Н**	н			ène
o	**О**	о			o
p	**П**	п			pó
r	**Р**	р			èr
s, ç, z	**С**	с			èss
t	**Т**	т			tó
ou	**У**	у			ou
f, ph	**Ф**	ф			èf
kh, ch *all.*	**Х**	х			ha (*asp.*)
ts	**Ц**	ц			tsé
tch	**Ч**	ч			tché
ch	**Ш**	ш			cha
chtch	**Щ**	щ			chtcha
finale muette	**Ъ**	ъ			ier *dur*
i *sourd*	**Ы**	ы			iéry
i *muet*	**Ь**	ь			iéri
ié, é	**Ѣ**	ѣ			iati
é	**Э**	э			é
iou	**Ю**	ю			iou
ia	**Я**	я			ia
f, ph	**Ѳ**	ѳ			fita
i, y	**Ѵ**	ѵ			ijitza

Extrait du Petit Dictionnaire Larousse.

ALPHABET ALLEMAND

ROMAIN	VALEUR	IMPRIMERIE		ÉCRITURE		APPELLATION
a	â	𝔄	a			â
b	b	𝔅	b			bé
c	ts	ℭ	c			tsé
d	d	𝔇	d			dé
e	e	𝔈	e			é
f	f	𝔉	f			eff
g	gh	𝔊	g			ghé
h	h *asp.*	ℌ	h			hâ
i	i	ℑ	i			i
j	i	ℑ	j			iott
k	k	𝔎	k			kâ
l	l	𝔏	l			ell
m	m	𝔐	m			emm
n	n	𝔑	n			enn
o	o	𝔒	o			ô
p	p	𝔓	p			pé
q	q, k	𝔔	q			kou
r	r	ℜ	r			err
s	s	𝔖	f			ess
t	t	𝔗	t			té
u	ou	𝔘	u			ou
v	f	𝔙	v			faou
w	v	𝔚	w			vé
x	x	𝔛	x			iks
y	y	𝔜	y			ipsilonn
z	tz	ℨ	z			tzett

CORRECTION DES ÉPREUVES D'IMPRIMERIE

C'est un fait digne de remarque que l'invention qui a contribué le plus utilement à perpétuer souvenirs historiques n'ait pu jusqu'à ce jour répandre quelque clarté sur le mystère enveloppe sa propre origine. Trois villes, Mayence, et Strasbourg le berceau de l'imprimerie. Quant à l'époque de sa naissance on la fait généralement remonter à la moitié du XVe siècle. Il résulte néanmoins de l'hésitation des érudits sur ce point historique une incertitude qui porte à la fois sur l'auteur, sur le lieu et sur l'année de cette découverte. Que si l'on considère la proximité des temps et des témoins de cet événement, on s'expliquera assez difficilement les causes qui suspendent encore de nos jours la solution de ce triple problème. Le concours des traditions contemporaines et des plus savantes investigations n'a jusqu'ici donné pour résultats que certaines probabilités plus ou moins fondées; mais jamais une évidence suffisante pour triompher des scrupules de l'histoire. Depuis le commencement du xvie siècle jusqu'à nos jours, un très-grand nombre d'ouvrages ont été publiés sur cette matière dans différents pays.

Les historiens et les bibliographes se sont livrés aux recherches les plus laborieuses et les plus diverses, sans parvenir à une certitude *irréfragable* sur aucun des trois points controversés.

Légende des signes de correction (marge de droite) :

- Lettres à substituer.
- Mot à changer.
- Lettre et mot à ajouter.
- — à supprimer.
- — à retourner.
- — à transposer.
- Lignes à transposer.
- Ponctuation à changer.
- Petites majuscules.
- Grande majuscule.
- Séparer deux mots.
- Mot à réunir et mots à rapprocher.
- Lettres gâtées.
- — à redresser.
- — à nettoyer.
- Apostrophe à ajouter.
- Ligne à rentrer.
- — à sortir.
- Lignes à remanier.
- Lettres d'un autre œil.
- Espace à baisser.
- Alinéa à faire.
- Lettre supérieure.
- Lettres basses.
- Alinéa à supprimer.
- Lignes à rapprocher.
- — à séparer.
- A mettre en italique.
- en romain.

Vient de Paraître

LE MONDE MODERNE

REVUE MENSUELLE ILLUSTRÉE

ABONNEMENTS

	Un an.	Six mois
France...	**18** fr.	**9** fr.
Étranger.	**21** fr.	**10** fr. 50

A. Quantin Éditeur
5, rue Saint-Benoit, Paris

1,500 gravures et **250** articles inédits

— *Demander un numéra spécimen* —

CORRECTION DES ÉPREUVES D'IMPRIMERIE

Addition à remonter

« Mon cousin, comment arrive-t-il que la gendarmerie de Santander, de la Biscaye et de l'Aragon n'est pas payée? Écrivez au général Caffarelli pour la Biscaye et Santander, et au général Suchet pour l'Aragon, de prendre des mesures pour faire sur-le-champ solder cette troupe. Les gendarmes doivent être payés avant tout. »

Correction hors de sa place.

Morsure de frisquette

Addition à baisser

Bourdon de grande étendue.

Interligne a baisser

Ligne à espacer également.

lettre qui chevauche.

« Mon cousin, demandez aux ministres d'Espagne à Paris, des notes précises sur les abus qu'ils reprochent au général X... Mandez à ce général que je vois avec surprise qu'il se soit attribué des sommes qui ne lui étaient pas dues; qu'il a pris 9,000 fr. par mois, traitement qu'on ne fait pas même à un général maréchal, commandant une armée; et qu'il est probable que le trésor ne regardera pas cette somme comme légalement reçue. »

Ligne à regagner.

Corrections semblables et successives.

« Mon cousin, je vous envoie des extraits des journaux anglais. Envoyez-en une note au duc de Dalmatie, et témoignez-lui mon mécontentement de ce que les divisions espagnoles soient à Lisbonne et qu'il ne fasse rien. »

Ligne à faire en plus.

Mot biffé à conserver

« Mon cher cousin, donnez ordre au général Thouvenot de faire confisquer toutes les marchandises anglaises et coloniales. On assure qu'il a reçu un droit de 10 pour cent.

Bourdon indiqué en tête ou en pied.

— Si cela est vrai, il faut lui faire restituer ces sommes, et confisquer toutes les marchandises qu'il aurait laissé débarquer. Il aurait là commis une grande faute. »

Coin de page à redresser.

† des marchandises moyennant

Napoléon à Berthier.

é/ p/ r†

Coupez.

Napoléon à Berthier.

Bourdon. (V. copie, p. 7.)

× /

///////

M. Félix.

///

bon

INSTRUCTIONS

POUR

L'EMPLOI DES ACCUMULATEURS AU PLOMB

Quel que soit le système en usage, certaines précautions sont indispensables pour assurer un service régulier et prolongé des accumulateurs au plomb. Nous allons résumer les observations faites depuis 1862 sur cette question :

I. Isolement des bacs. — Alors même que les bacs sont constitués par une matière dite « isolante », verre, grès, porcelaine, ébonite, etc., il est indispensable que l'isolement de chacun des éléments soit assuré aussi complètement que possible en le faisant reposer sur trois ou quatre isolateurs doubles en porcelaine du modèle courant, ayant soin lors du premier montage de verser quelques gouttes d'huile de résine dans le godet inférieur.

Il faut remarquer que les différentes variétés d'huile peuvent avoir une conductibilité très variable, et que l'huile de résine a un pouvoir isolant cent fois plus grand que l'huile de pied de bœuf par exemple. L'huile servant à isoler les bacs est d'un très mauvais emploi pour les collecteurs de dynamos et vice versa. Lorsque les accumulateurs doivent être transportés, il est nécessaire qu'ils soient enfermés dans un coffre de pitchpin goudronné, et mastiqués dans un empois de colophane 3 kilogr., cire végétale 1 kilogr., bitume de Judée en poudre 1 kilogr., huile de résine le tout fondu à feu doux. Dans aucun cas l'isolement du bois, même paraffiné, ne doit être considéré comme suffisant.

II. Acide. — L'acide sulfurique, dit au soufre, ou commer-

cialement pur, doit être exclusivement employé, les qualit
inférieures contenant toujours des quantités appréciables d'aci
nitreux et d'arsenic, dont la présence est une cause d'acciden
dans tous les systèmes. Cependant ce serait une pure exagér
tion de croire que l'acide sulfurique, chimiquement pur, don
un résultat supérieur à l'acide dit au soufre ; cette prétentic
ne sert qu'à masquer des causes d'altération dans lesquell
l'acide n'a rien à voir.

Le degré de l'électrolyte, doit être compris, en marche moyen
entre 20°, correspondant à un poids spécifique de 1,16, comn
minimum et 26° Baumé comme maximum.

L'acide d'un degré inférieur à 20° tend à « former » ce plon
comme l'avait remarqué Planté, qui conseillait une solutic
à 14° Baumé, dans le but d'accroître par l'usage la formation
l'accumulateur.

Quand, au contraire, le but cherché est de ne pas laisser l
électrodes se « former », il faut employer une solution plus conce
trée, et jamais inférieure à 20° Baumé.

Lorsque le degré de concentration atteint 28° et au delà,
plomb spongieux des plaques négatives décompose spontan
ment l'eau acidulée et l'accumulateur bouillonne faibleme
d'une façon constante, même à circuit ouvert, d'où une perte c
rendement très sensible, lorsque les batteries ne sont pas c
service journalier.

Les différentes solutions de sels de soude, d'ammoniaqu
d'eau oxygénée, etc., préconisées par différents inventeurs n'o
pratiquement aucune utilité.

III. **Régime de charge et de décharge.** — Les accum
lateurs présentent, suivant leur construction, des différenc
sensibles dans le régime de charge et de décharge qu'ils peu
vent subir. Lorsque la matière active des plaques positives e
agglomérée ou mastiquée en couches dépassant 2 millimètr
d'épaisseur, les régimes de charge et décharge doivent être tr
lents et ne pas dépasser le douzième de la capacité totale c
l'accumulateur ; ainsi un accumulateur du type à pastilles ou
augets, d'une capacité de 300 ampères-heure, doit être charg

et déchargé normalement à 25 ampères au maximum; une décharge rapide précipite les pastilles au fond du bac.

Les accumulateurs à formation électrochimique dans lesquels l'épaisseur du peroxyde de plomb ne dépasse pas quelques dixièmes de millimètres, peuvent être soumis sans inconvénients à un régime plus élevé. Le huitième de la capacité totale est considéré comme une moyenne courante, l'accumulateur d'une capacité de 300 ampère-heure peut se charger et se décharger journellement au régime de 36 ampères environ. Il faut observer que le rendement diminue rapidement, lorsque les régimes de charge et de décharge sont très élevés. En général, un accumulateur, bien construit, chargé et déchargé au régime régulier du dixième de sa capacité, restitue 90 à 92 o/o du nombre d'ampères-heure qu'il a reçu; mais si le régime de décharge vient à être doublé, le rendement en ampères n'est plus que de 70 o/o.

Dans tous les cas, il faut avoir soin de diminuer sensiblement l'intensité du courant à la fin de la charge lorsque l'accumulateur commence à bouillonner : les bulles de gaz désagrégent lentement les matières actives tant positives que négatives et causent des court-circuits qui sont la cause de la plupart des accidents dans les accumulateurs.

IV. **Accouplement des batteries.** — L'accouplement des batteries avec les dynamos se fait de différentes façons, suivant le genre des dynamos et les puissances respectives des batteries et des dynamos.

La dynamo servant à la charge des accumulateurs doit être une dynamo en dérivation ou à excitation indépendante.

I. *Dynamo pouvant produire le voltage nécessaire à fin de charge, soit 2v,5 par élément.* — On peut adopter le groupage indiqué dans le schéma I, le plus simple de tous et s'appliquant à tous les cas. Ce groupage permet, au moyen de la manette de décharge, de mettre sur l'éclairage le nombre d'éléments voulu pour maintenir le voltage constant. En même temps l'autre manette du réducteur, communiquant avec la dynamo, permet d'enlever les éléments de réduction au fur et à mesure qu'ils arrivent à fin de charge.

6

Pendant le grand éclairage, il faut manœuvrer les deux manettes de charge et de décharge de façon que toutes deux correspondent au même accumulateur.

Pour ne pas surcharger le schéma on n'a pas fait figurer de voltmètre, mais il est indispensable d'en avoir un, permettant, au moyen d'un petit commutateur, de connaître le voltage de la dynamo, des accumulateurs ou de l'éclairage (cette observation s'applique à tous les schémas).

II. *Dynamo ne pouvant atteindre le voltage nécessaire à fin de charge.* — Les schémas II, III, IV donnent quelques exemples des groupages que nous avons trouvés les plus pratiques suivant les différents cas.

1º Quand la batterie est assez importante, on peut augmenter le voltage de la dynamo primitivement installée, au moyen d'une autre dynamo à excitation indépendante actionnée par une transmission quelconque, électrique ou mécanique. Cette seconde dynamo que nous appellerons *survolteur* se place, pendant la charge, en tension avec la première de façon à remonter le voltage, elle doit pouvoir supporter le courant de charge de la batterie.

Quand la charge est terminée, on supprime le survolteur e l'on peut continuer à éclairer en employant les accumulateurs seuls ou en groupant en parallèle la dynamo primitive et les accumulateurs, le voltage de cette dynamo ne devant plus être supérieur au voltage de l'éclairage.

La manœuvre du réducteur est la même que pour le schéma nᵇ I.

2º Le schéma nº III permet de charger les accumulateurs par moitié en chargeant d'abord une demi-batterie puis l'autre.

Ce mode de groupage n'est avantageux que lorsque le courant de charge exigé par la batterie est le même que le courant normal de la dynamo. La difficulté est de charger de la même façon les deux demi-batteries.

Il est indispensable d'avoir un avertisseur de fin de charge et de fin de décharge sur chacune des demi-batteries. La batterie une fois chargée, on peut en mettant les manettes du coupleur dans la position 3, c'est-à-dire verticalement, continuer à se servir de la dynamo en employant la marche en parallèle. La manœuvre du réducteur se fait comme dans les cas précédents.

3° Jusqu'ici nous avons admis que le voltage sur le circuit d'éclairage devait être maintenu constant, de façon à se servir de la lumière à un instant quelconque. Si, au contraire, on ne tient pas à employer la lumière pendant les heures de charge, ou si l'on veut charger pendant les heures de gros éclairage par la dynamo, on peut employer le dispositif indiqué au schéma n° IV. On groupe, pour la charge, les deux moitiés de la batterie en quantité ; on n'a dès lors besoin comme dans le cas précédent que d'un voltage moitié pour la charge. Ce cas, le plus compliqué de tous, exige un rhéostat de réglage et un ampère-mètre sur chaque partie de batterie. On supprime les éléments au fur et à mesure de la charge au moyen du réducteur, à condition de remplacer les éléments enlevés par une portion du rhéostat de réglage placé sur la même partie de la batterie.

On a supposé que la dynamo employée était compound ; c'est qu'en effet ce groupage permet de faire marcher en parallèle la batterie et la dynamo compound sans craindre de renversement de pôles sur celle-ci. Si la dynamo est montée en dérivation, il suffit de supposer le fil compound remplacé par un conducteur.

Le schéma I peut être toujours employé dans le cas d'une installation neuve, il suffit de demander au constructeur une dynamo pouvant atteindre le voltage nécessaire à la charge, soit $2^v,5$ par élément; cette dynamo devant, pendant l'éclairage, fonctionner au voltage normal.

Le schéma II est applicable dans le cas où l'installation est déjà faite et où il faut se rapprocher le plus possible de la marche normale. On pourrait même dans certaines installations neu-ves employer ce montage s'il n'était plus simple de n'avoir à surveiller qu'une dynamo.

Le schéma III est le plus économique toujours, lorsque l'installation est déjà faite. Cette solution offre moins de sécurité que celle indiquée au schéma II, car on ne peut être certain de

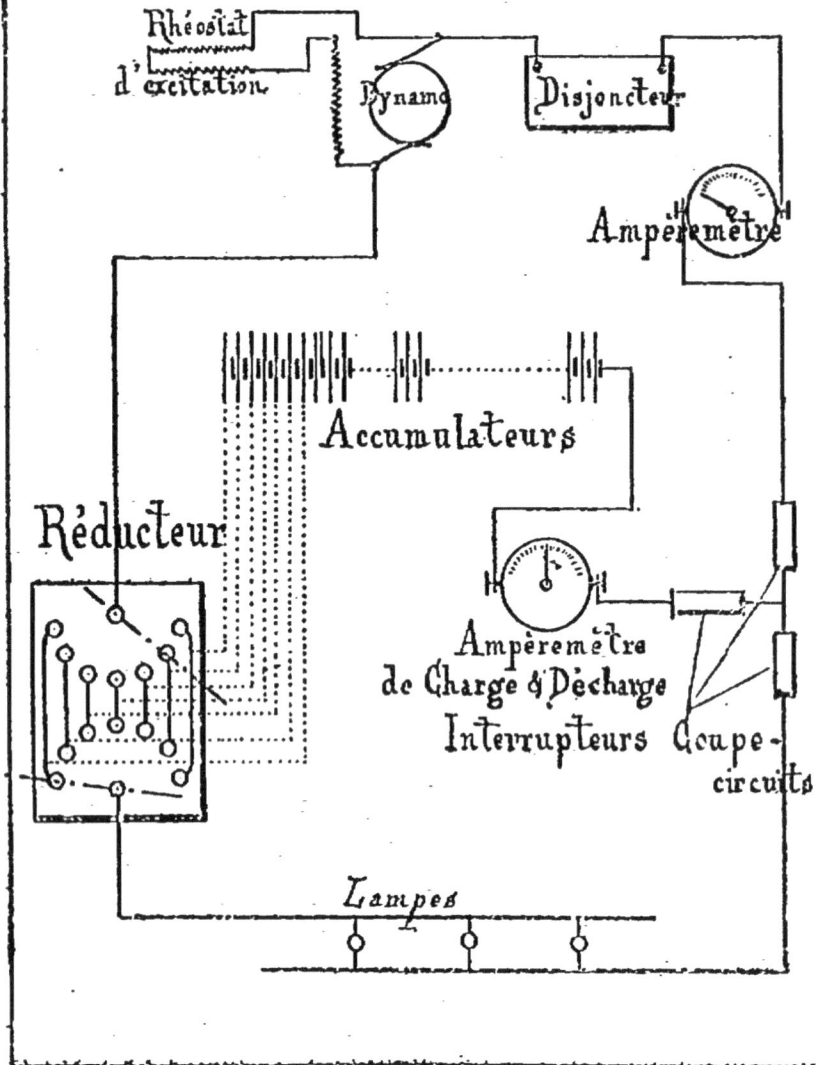

Schéma n° I

Schéma n· II

Dynamo

Commutateur

Survolteur

Excitation du Survolteur

Excitation

Disjoncteur

Ampèremètre

1

2

Rhéostat d'excitation

Accumulateurs

Réducteur

Ampèremètre de Charge & Décharge

Interrupteurs
Coupe-Circuits

Lampes

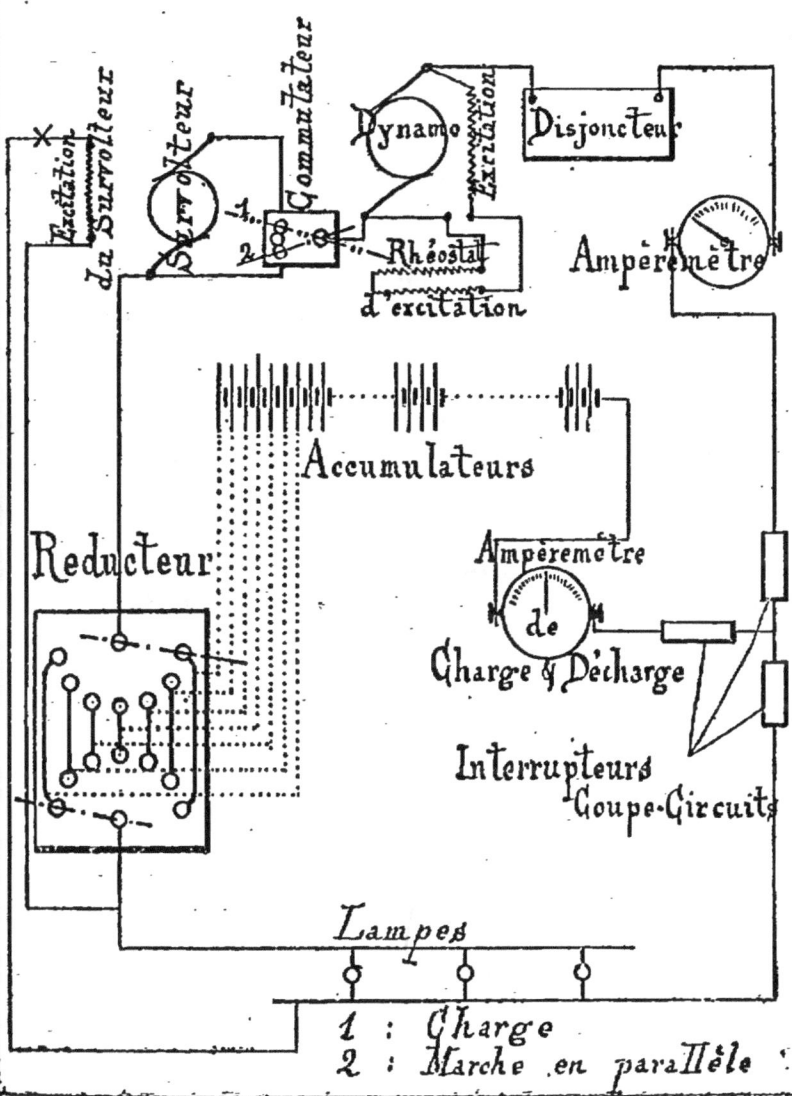

1 : Charge
2 : Marche en parallèle

charger également les deux demi-batteries qui pourtant dé-
chargent également.

Le schéma IV n'est applicable dans les installations neuves
que lorsque la dynamo est actionnée par un moteur spécial, et
qu'on ne veut mettre en marche ce moteur que pendant les
heures de grand éclairage ; encore faut-il que la batterie ne
représente qu'une faible puissance par rapport à celle de la dynamo. C'est le seul cas où il peut être avantageux d'employer
cette solution, qui n'est économique ni au point de vue de l'installation, ni au point de vue de la charge. Quand on se trouve
en présence d'une dynamo installée, et que l'on ne veut pas se
servir de l'éclairage pendant les heures de charge, on peut
aussi employer ce procédé toujours assez dispendieux.

On n'a pas parlé de la solution qui consiste à employer, pour
l'éclairage par accumulateurs, un voltage plus bas que celui
dont on dispose sur la dynamo.

Dans ce cas le schéma applicable est le n° I, dans lequel il
faut intercaler un rhéostat réglable entre la dynamo et la batterie.

V. Mise en route des batteries. — Lorsque le bon fonctionnement de la dynamo de charge a été reconnu, son voltage
vérifié, ses pôles déterminés, on procède au remplissage des
bacs avec une solution acide pesant environ 20° et la charge
commence aussitôt, l'acide recouvrant les plaques de deux
centimètres au moins.

Cette première charge doit être effectuée au régime maximum
indiqué par le constructeur et prolongée jusqu'à ce que le voltage atteigne 2v,5 par élément. L'importance de cette première
charge est telle qu'une batterie insuffisamment chargée avant
la mise en décharge donnera toujours lieu à des mécomptes
sérieux.

Il est facile de suivre la marche de la désulfatation des
plaques négatives. Au début de la charge pendant huit à dix
heures, le liquide reste clair, le voltage atteint seulement 2v,3
par élément ; ensuite le liquide se trouble d'abord légèrement,
puis devient laiteux, le voltage atteint 2v,35 à 2v,4 par élé-

ent; il reste stationnaire jusqu'à ce que le liquide s'éclair-
sse de nouveau. L'aspect des bulles de gaz a changé complè-
ment; de très petit diamètre au début, elles deviennent
2aucoup plus grosses, et le voltage de chaque élément atteint
,5 au régime de charge normal.

Le temps nécessaire à cette première charge varie suivant
température, l'intensité du courant de charge et la continuité
u courant.

Lorsque le régime de charge est élevé, que la température
u local atteint 30° centigrades et que la charge est prolongée
ıns interruption, la désulfatation est beaucoup plus rapide
u'avec un courant faible, interrompu et dans un local à basse
mpérature.

La chaleur est une des conditions les plus favorables à cette
pération ; lorsque la température de l'acide s'élève par le
assage du courant à 45° centigrades, la première charge ne
épasse pas 4 à 5 fois la capacité totale de l'accumulateur.
uand au contraire les conditions sont moins favorables, elle
oit atteindre environ 8 à 10 fois la capacité totale. Dans
ous les cas c'est le voltage des éléments qui détermine la fin
e l'opération. Toutefois il faut remarquer que le voltage est
n peu moindre si la température de l'acide dépasse 30° C ;
ais il est bon de s'assurer, lorsque la charge paraît terminée,
t l'acide refroidi, que tous les éléments, mesurés l'un après
autre, donnent bien exactement 2^v,5 avec l'intensité normale
e charge. Le degré de l'acide qui a augmenté graduellement
endant la charge, reste stationnaire quand la charge est com-
lète ; il est alors vérifié et ramené à 25° environ.

VI. Entretien des batteries. — Lorsque les précautions
ıdiquées précédemment sont bien observées, l'entretien des
ıatteries est très simple, à la condition de les maintenir en
on état de propreté extérieur et de vérifier toutes les semaines
e voltage de chaque élément pendant la décharge, avec un
oltmètre gradué par dixièmes, et de maintenir l'acide au
legré voulu dans les bacs.

Si, dans la visite des éléments, on aperçoit un bac donnant
in voltage un peu faible, on secoue légèrement les plaques

Schéma n° III

Rhéostat
d'excitation

Dynamo

Disjoncteur

Commutateur double
à 3 Directions

Ampèremètre

1   3   2

½ Batterie de droite

Réducteur   ½ Batterie de gauche

Ampèremètre

do

Charge & Décharge

Lampes

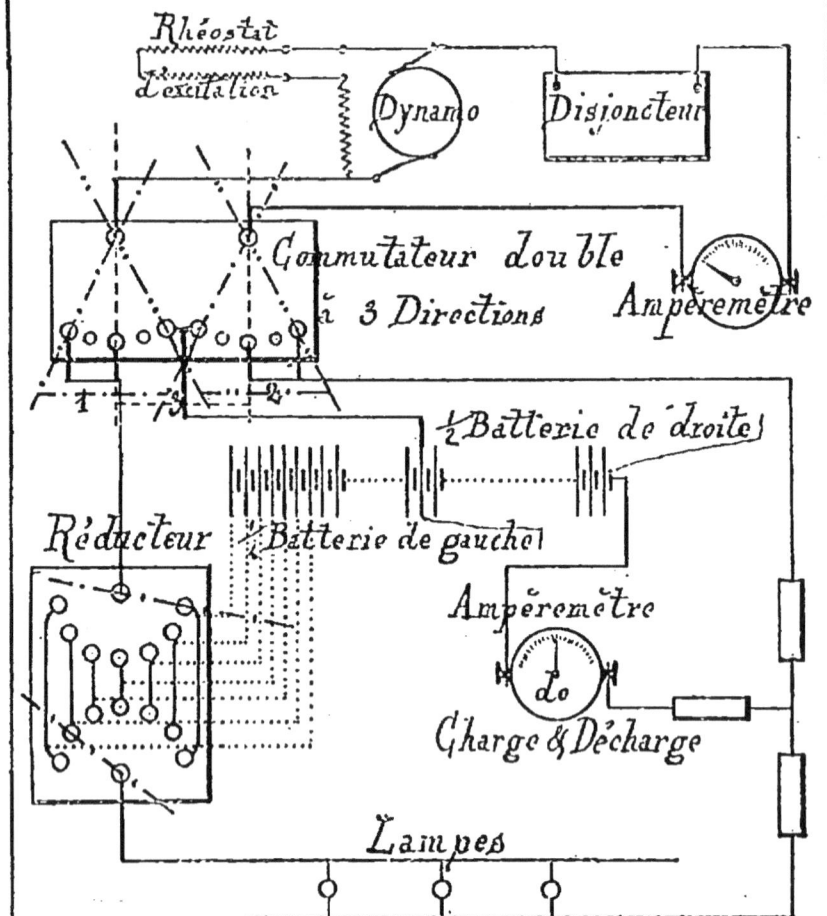

Position 1   Charge de la ½ Batterie de gauche
    „   2   „   „   „   „   „ droite
    „   3   Marche en parallèle

Schéma n· IV

½ Batterie de gauche   ½ Batterie de droite

Reducteur

Commutateur double
à 2 Directions

-1-   -2-

A   Rhéostat de réglage   I I   Rhéostat de réglage   A

Dynamo   Disjoncteur   Ampèremètre   I

Fil Compound   Rhéostat d'excitation   I

Lampes   I

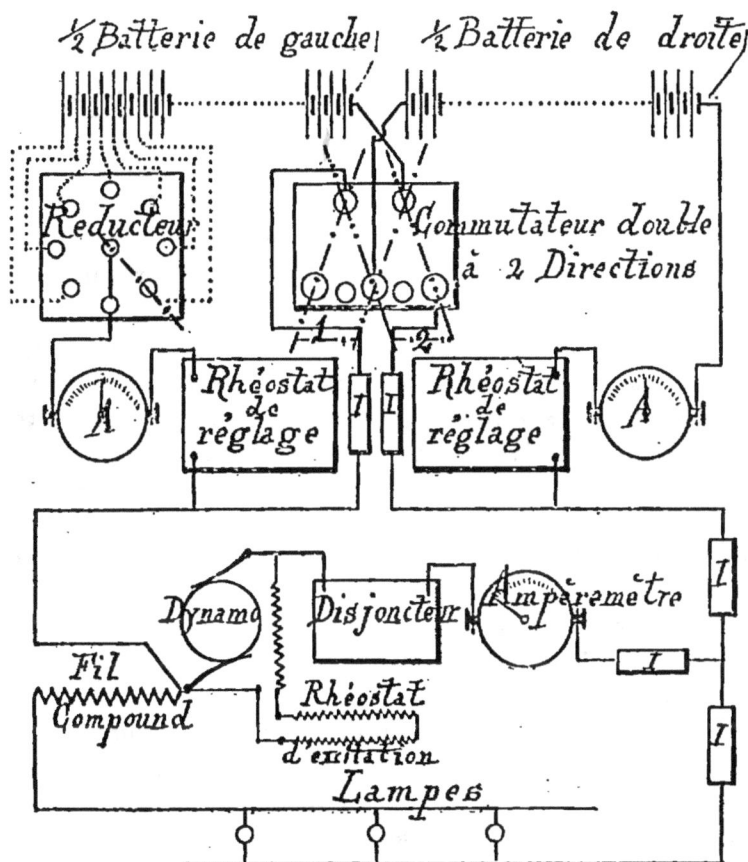

AA Ampèremètre de Charge & Décharge.
IIIII Interrupteurs Coupe-Circuit.
⌣ : Position de décharge . 2: Charge

positives — si elles sont mobiles — ou, dans le cas contraire, on introduit une petite latte de bois entre les plaques de façon à faire tomber au fond du vase les parcelles de matière active formant un circuit parasite que le voltmètre peut seul découvrir sans erreur.

Il ne faut décharger, en service normal, que jusqu'à 1^v,85 par élément; si les nécessités du service obligeaient à descendre au-dessous, il faudrait avoir grand soin de recharger le plus rapidement possible, pour éviter la sulfatation des plaques positives.

C'est là le point capital de l'entretien des batteries, et nous ne saurions trop répéter que les neuf dixièmes des accidents proviennent d'une décharge trop prolongée, et surtout de l'abandon des batteries sans être rechargées, après une décharge complète.

Nous recommandons l'emploi des bacs munis d'un couvercle, pour empêcher la projection de l'acide par le bouillonnement à fin de charge et des indicateurs de charge, qui rendent de très grands services en prévenant une surcharge excessive qui tend toujours à désagréger les matières actives et à produire des court-circuits.

Si une batterie doit être inutilisée pour plusieurs mois, il est en général préférable de vider les bacs et de les remplir d'eau pure, en observant que les plaques absorbant beaucoup de liquide, trois ou quatre lavages sont nécessaires pour enlever les dernières traces d'acide.

Quelques jours avant la reprise du service on remplace l'eau par l'acide que l'on a soin d'employer plus concentré, de 4 ou 5 degrés, pour qu'il reprenne sa densité convenable une fois mélangé avec l'eau restant dans les plaques.

On charge alors fortement jusqu'à ce que le voltage remonte à 2^v,5 par élément, et que l'acide bouillonne bien clair, et on égalise l'acide à 25° avant de commencer à décharger.

Il est nécessaire de vérifier l'état de charge, par le bouillonnement de l'acide, des éléments de réduction pour les enlever du circuit, lorsqu'ils ont atteint le voltage voulu.

Un bouillonnement très prolongé, comme nous l'avons dit

plus haut, désagrège à la longue la matière active des plaques.

Si les bacs sont en verre, il faut avoir grand soin que la température de la salle qui les contient ne s'abaisse pas au-dessous de 0°, la gelée cause de très grands accidents. Il faut éviter également de laisser un bac au soleil qui le fait souvent éclater.

RÉPARATIONS

Il est difficile d'indiquer d'une façon précise les petites réparations qui peuvent être effectuées sans le concours du fabricant, mais cependant nous devons d'une façon générale recommander :

1° De ne jamais laisser de plaques mouillées d'eau acidulée sécher à l'air, mais de les laver avec le plus grand soin jusqu'à disparition complète de traces d'acide.

2° De ne pas mettre de plaques neuves dans une batterie en marche, elles seraient infailliblement sacrifiées, mais d'employer pour les remplacements dans le corps de la batterie, des plaques provenant des éléments de réduction qui sont toujours les plus chargés, et de mettre les plaques neuves dans ces derniers éléments et avant de mettre la batterie en charge.

3° De s'assurer s'il n'y a pas dans le fond des bacs un dépôt de matières pouvant atteindre le niveau inférieur des plaques, dans ce cas, le lavage de la batterie serait indispensable, mais cette opération dans une batterie convenablement menée n'est nécessaire que tous les deux ou trois ans.

P. J. R. DUJARDIN.

MACHINES ÉLECTRIQUES (1)

Les machines électriques ont pour but de transformer une énergie mécanique en énergie électrique.

Cette transformation est obtenue en se basant sur ce que, si un conducteur se déplace dans un *champ magnétique*, il devient le siège d'un courant induit, résultat de la force électromotrice d'induction produite par le champ.

Le *champ magnétique* étant l'espace, qui

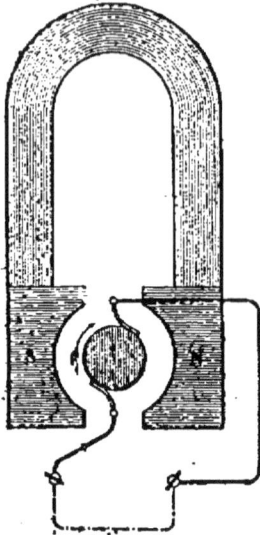

FIG. 1.

se trouve sous l'influence d'un aimant ou d'un électro-aimant, toute machine électrique sera formée de deux parties: 1° un système de un ou plusieurs aimants soit naturels (fig. 1) (*machines magnéto-électriques*), soit artificiels ou électro-aimants (*machines dynamo-électriques*), constituant le champ magnétique d'induction, d'où leur nom d'*inducteurs;* 2° un conducteur, se mouvant dans le champ magnétique, et fournissant le courant induit produit par les inducteurs, d'où son nom d'*induit.*

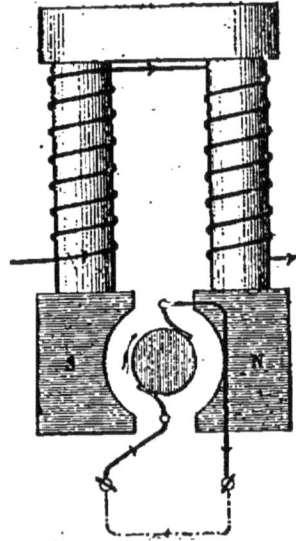

FIG. 2.

Les inducteurs peuvent être constitués, soit par un aimant ou un électro-aimant à une ou deux branches (*machines unipolaires ou bipolaires*, les premières étant très peu employées), soit par plusieurs aimants ou électro-aimants (*machines multipolaires*).

Si les inducteurs sont constitués par des électros, le courant d'aimantation peut être pris, soit à une source extérieure (fig. 2)

(1) Extrait de l'*Aide-Mémoire de Poche* de MM. Picard et David. Baudry et Cie, éditeurs.

(*machines à excitation indépendante*), soit sur le courant même produit par la machine (*machines auto-excitatrices*).

Dans ce cas, les solénoïdes des inducteurs peuvent être inter-calés dans le circuit extérieur (fig. 3) (*excitation en série*), ou dérivés par rapport à ce circuit (fig. 4) (*excitation en dérivation*), ou encore être formés par des solénoïdes à deux fils, dont l'un est intercalé dans le circuit extérieur, et l'autre dérivé par rapport à ce cir-cuit (*excitation dite compound*) (fig. 5 et 6). L'un des fils du solé-noïde peut faire partie du circuit extérieur d'une machine indé-pendante et l'au-tre du circuit extérieur de la machine (*excita-tion indépendante et en série*) (fig. 7).

Le fil de l'in-duit peut être enroulé sur un cylindre annulaire en fonte ou en fer (*induit à anneau*), ou sur un cylindre plein de même métal (*induit à tambour*), ou encore avoir la partie, placée suivant les génératrices dans les cas précédents rabattue sur un plan perpendiculaire à l'axe de rotation (*induit à disque*).

Les courants induits produits sont recueillis par des brosses ou *balais*, soit

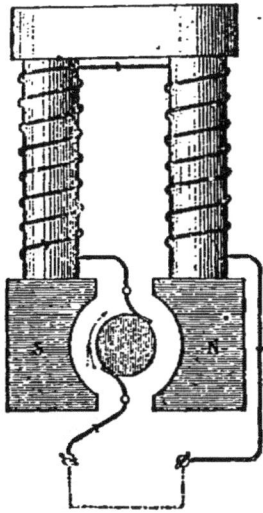
Fig. 3.

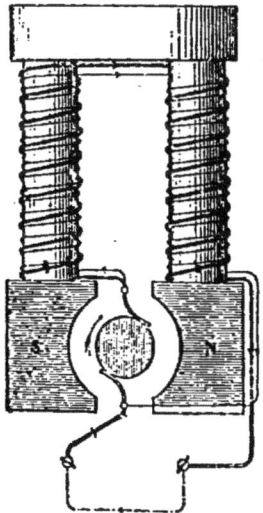
Fig. 4.

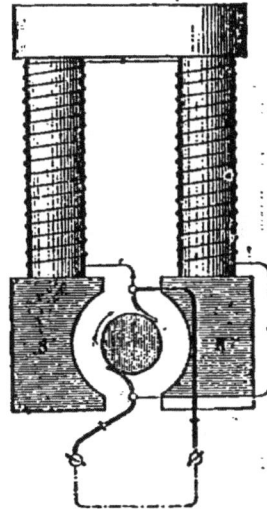
Fig. 5.

métalliques, soit en charbon, frottant sur un appareil accessoire appelé *collecteur*, et auquel sont reliées les bobines de l'induit.

Si ce collecteur est formé de *deux anneaux isolés l'un de l'autre*, les extrémités des spires de l'induit étant attachées respectivement à chacun des anneaux, la machine est *à courants alternatifs;* le courant change alors de sens dans le circuit extérieur, en même temps que dans les bobines induites.

Quand le collecteur se trouve constitué par deux *coquilles demi-cylindriques,* chaque extrémité de spire induite étant attachée à chacune des coquilles, isolées entre elles par une large bande, qui correspond au passage de l'induit dans la section neutre, la machine est dite à *courants redressés.*

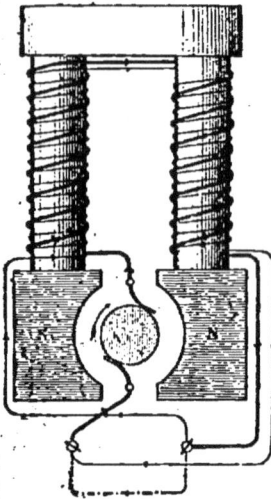

FIG. 6.

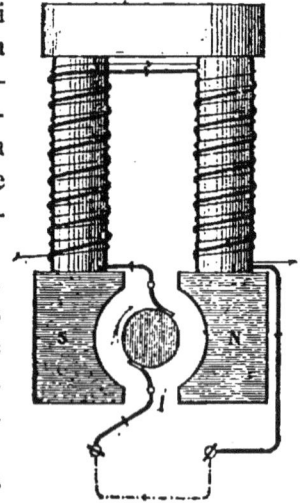

FIG. 7.

Si le collecteur est composé d'un nombre assez grand de *prismes,* isolés les uns des autres, chaque bobine induite ayant ses extrémités attachées à deux prismes différents, la machine est à *courants continus.*

Les balais, qui recueillent les courants induits, sont calés *en avant de la ligne neutre* d'un angle $\varphi \leqslant 20^0$, que l'on appelle *angle de calage.*

La *ligne neutre* est la perpendiculaire, passant par le centre de l'induit, élevée sur la droite qui joint les deux pôles NS des électros.

CONDUITE DES DYNAMOS

On *ne doit pas mettre* une machine électrique sur un circuit extérieur sans l'avoir, au préalable, *fait marcher à vide*, afin de vérifier s'il ne se produit aucun échauffement anormal dans les organes. Il faut toujours se rappeler qu'une dynamo est construite pour *fonctionner à une vitesse déterminée* et que c'est pour cette vitesse seulement que son fonctionnement est sûr et économique.

Si le circuit extérieur utilisateur n'alimente que des *lampes à incandescence,* avant de mettre la dynamo en marche on ferme ce circuit et on intercale toutes les résistances dans le circuit d'excitation des inducteurs.

Quand la dynamo a atteint sa vitesse normale, on retire peu à peu les résistances afin d'obtenir le voltage voulu.

Quand il faut arrêter, on *débraie d'abord* la dynamo, et ce n'est qu'ensuite que l'on ouvre le circuit utilisateur.

Il *ne faut jamais couper brusquement* les circuits extérieur et d'excitation.

Si le circuit extérieur utilisateur alimente des *lampes à arc en série,* ce circuit ne doit être fermé que lorsque la dynamo a sa vitesse normale; de même *pour arrêter,* avant d'ouvrir le circuit extérieur et de débrayer la dynamo, il faut *réduire la vitesse* de celle-ci de 2/3 environ.

Dans le cas où l'on ne peut modifier cette vitesse, il faut, avant d'ouvrir le circuit extérieur, intercaler dans celui-ci des résistances qui réduisent l'intensité du courant.

Quand les *lampes à arc* sont montées *en dérivation,* on opère comme lorsque celles-ci sont *en série;* toutefois, on *ne ferme* un circuit que lorsque ceux précédemment fermés ont *leur régime de fonctionnement normal.* Lorsqu'on veut débrayer la dynamo, on *met* au préalable toutes les lampes *hors circuit* en conservant à la dynamo sa *vitesse de régime* et en agissant sur les résistances des inducteurs.

Quand la dynamo alimente des *électro-moteurs,* la conduite est la même que lorsque les récepteurs sont des *lampes à arc.*

Des différences dans les précautions à prendre pour conduire une dynamo suivant la nature des récepteurs, on conclut qu'il ne faudra *autant que possible pas mettre sur un même circuit* des *lampes à incandescence et des lampes à arc* ou des *électro-moteurs*. Toutes les fois qu'on le pourra, on devra même alimenter ces récepteurs par des dynamos *différentes*.

ÉCLAIRAGE ÉLECTRIQUE

Éclairage à arc. Données pratiques. — Dans le cas de *l'éclairage à arc*, on admet que, pour les *gares*, les *chantiers de terrassement*, etc. :

la hauteur de 10 mètres convient pour un arc de 10 Ampères.

»	15 à 16 m.	»	»	13 A.
»	18 m.	»	»	15 A.
»	20 m.	»	»	18 A.

Ces hauteurs doivent être diminuées de deux mètres, lorsque l'on fait un travail spécial, dans les endroits éclairés.

Suivant l'éclairement moyen de 1 ; 1, 5 ; 2 bougies à un mètre que l'on voudra avoir, on pourra déterminer le rayon l du cercle éclairé par les formules (2), (3), (4). S'il s'agit de *cours d'usines*, de *places*, on pourra admettre des hauteurs de 12 m. pour des foyers 15 A. et de 10 m. pour des foyers de 12 A.

Pour l'éclairage *dans les villes*, un éclairement de 2 bougies à un mètre pour les rues principales, et de 1 à 0,5 bougie à un mètre, pour les rues secondaires, suffiront.

S'il s'agit d'éclairage d'*intérieurs* il y a encore à tenir compte de la diffusion et de la réflexion de la lumière par les parois ; suivant la nature de ces parois, la quantité de lumière réfléchie et diffusée pourra s'élever à quatre fois la lumière fournie par les radiations directes, l'ameublement étant de couleur claire, et les murs recouverts de glaces.

On peut aussi se baser sur les chiffres suivants, qui donnent l'éclairement, rapporté à la surface du local.

Pour les *filatures* l'*éclairement minimum* correspondra à un arc de 12 A. pour 180 à 200 m² de surface, l'*éclairement maxi-*

mum à un arc de 9 à 10 A. pour 80 à 100 m² de surface. Pour les *tissages*, l'on a obtenu de bons résultats avec un éclairement *minimum*, correspondant à un arc de 12 A. pour 120 m²; quand on travaille le *blanc* et l'*écru*, les *couleurs claires*, on peut admettre en moyenne un arc de 10 A. par 75 à 80 m², et quand on travaille les *noirs*, les *couleurs foncées*, il faut compter sur un arc de 10 A. par 50 m².

Éclairage à incandescence. Données pratiques. —

Dans le cas de l'éclairage *par incandescence* on prend :

Pour les *tissages*, en moyenne une lampe de 16 b. pour 2 métiers; pour *la couleur* on emploie quelquefois 2 lampes de 16 b. par métier, et pour l'*écru* 1 lampe de 10 b. pour 2 métiers. Dans les *filatures*, on demande jusqu'à un *éclairement maximum* de 10 b. à 1 m., tandis que dans les *ateliers ordinaires*, on se contente de 5 b. à 1 m.

Pour l'*éclairage total*, un éclairement *moyen* de 5 b. à 1 m., pour les *filatures*, et de 2 b. à 1 m. pour les *ateliers ordinaires*, est suffisant.

Pour les ateliers d'ajustage, il faut 1,4 carcel par m². D'après le type de lampes choisi, de 10 à 20 bougies, la formule (2) permettra d'en faire la répartition, en se donnant la hauteur à laquelle sont placées les lampes.

Dans les *théâtres*, on admet, pour la *salle* et la *scène*, un éclairement de 0,5 b. par m³. Pour l'*éclairement brillant de la scène*, on prend 20 b. par m² ou 1,5 b. par m³.

Pour les *salles des fêtes*, *salles de danse*, on prend une moyenne de 15 bougies par m².

Pour les *installations privées*, les *éclairements de luxe*, on admet 20 à 25 b. à 1 m. Pour pouvoir *lire commodément*, il faut un éclairement de 10 b. à 1 m.

On peut admettre, d'une autre façon, pour un *éclairage normal d'intérieur*, 2 bougies par m² et, pour un *éclairage de luxe* 4 à 5 b. par m².

Tous ces chiffres ne sont que des renseignements de base, qui pourront être modifiés, dans chaque cas particulier, d'après l'ameublement des locaux, la quantité de lumière reçue par la surface éclairée, en même temps que par les éclairements moyen et minimum que l'on aura fixés.

Quand on emploie des lampes à incandescence, il vaut mieux, au point de vue de l'effet, diviser la lumière et employer des lampes de 8 ou 10 bougies.

SONNERIES ÉLECTRIQUES

Piles. — Le modèle le plus employé est celui de Leclanché au bioxyde de manganèse, coke et chlorure d'ammonium ; l'*électrode* + est en *charbon de cornue*, l'*électrode* — en *zinc amalgamé* : elle n'use pas en circuit ouvert, et se polarise très peu. Elle est très bon marché d'entretien et ne gèle jamais.

On devra renfermer les éléments de façon qu'ils soient à l'*abri* de la *poussière* et de l'*évaporation* du liquide. De temps en temps on nettoiera la surface extérieure du vase poreux, afin de bien enlever les efflorescences qui se seront déposées. Pour éviter les grimpements du sel le long du vase de verre, on enduira la partie supérieure de celui-ci, intérieurement et sur une hauteur de 3 à 4 c/m, d'une couche de paraffine. On pourra du reste en faire autant au vase poreux. *Avoir soin* de *ne* jamais *laisser* la pile *se dessécher.*

On ne met jamais moins de deux éléments de pile sur une sonnerie commandée par un bouton d'appel. On compte un élément par 5o m. de longueur de fil. Donc 3 éléments suffiront pour actionner une sonnerie sur une longueur de 5o m., soit 1 élément pour la longueur de 5o m., et 2 éléments pour le bouton d'appel.

Pour les tableaux indicateurs, on compte 1/4 d'élément par numéro.

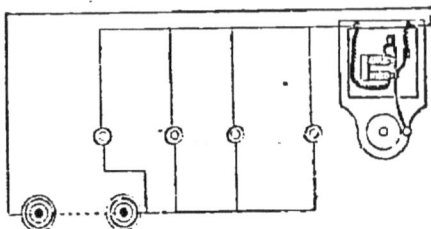

FIG. 8.

Sonneries. — On distingue, pour les usages domestiques : 1º *La sonnerie trembleuse* (fig. 8), dans laquelle l'émission de courant produit une série d'oscillations très rapprochées du marteau qui vient frapper le timbre. Il ne faut pas qu'à l'état de repos le marteau touche le timbre.

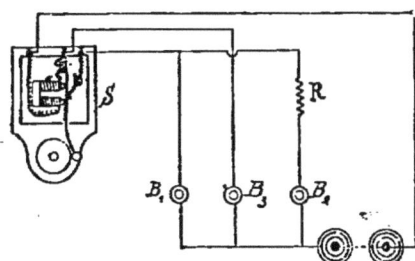

FIG. 9.

2° *La sonnerie à un coup* (fig. 9). Quand le courant passe, le marteau frappe sur le timbre un coup. Il faut que le marteau soit réglé de façon à ne pas rester au contact du timbre lorsqu'il a frappé, pour ne pas empêcher le timbre de vibrer librement.

3° La *sonnerie continue* qui fonctionne jusqu'à ce que le poste appelé interrompe le circuit (fig. 10). On règle facilement le marteau, en appuyant l'armature contre les noyaux de l'électro, puis en pliant la tige du marteau jusqu'à ce que celui-ci ne touche plus, mais soit cependant très près du timbre : on laisse ensuite l'armature reprendre sa position de repos.

Les sonneries sont commandées par des *boutons d'appel*, composés de deux ressorts éloignés l'un de l'autre au repos, et dont le contact est établi en appuyant sur un bouton en matière isolante. Chaque lame est reliée à un bout du fil de ligne.

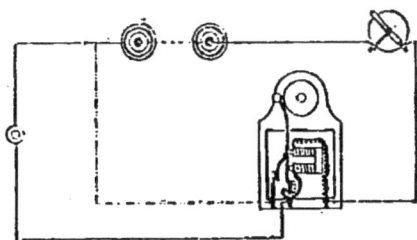

FIG. 10.

Il faut que les surfaces de contact des ressorts soient toujours bien nettes. Pour interrompre, dans certains cas, le fonctionnement des sonneries, on se sert d'*interrupteurs*.

Lorsque l'on veut changer la direction du courant, on se sert de *commutateurs*.

Dans l'installation des sonneries, les *retours* peuvent être faits *par la terre*.

Une même sonnerie peut être commandée par *un ou plusieurs boutons d'appel* (fig. 8 et 9), ou bien *plusieurs sonneries* peuvent être commandées par *un seul appel* (fig. 11). *Plu-*

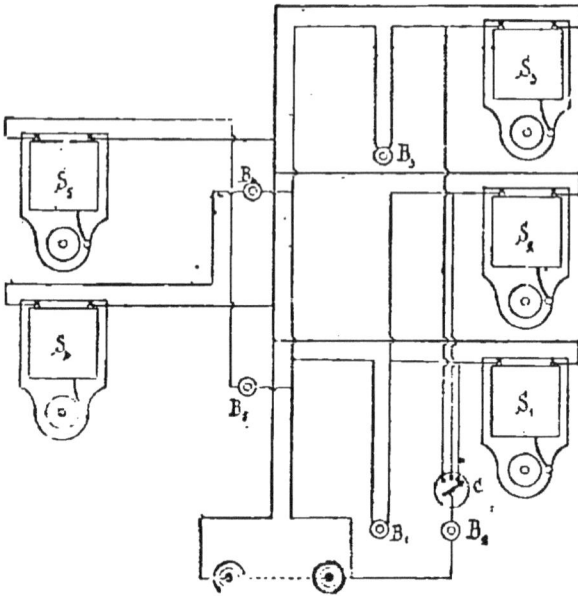

sieurs sonneries peuvent être aussi commandées *séparément d'un seul point* (fig. 11).

On peut vouloir que le poste appelé réponde à l'appel qui lui est fait. On emploie alors les *sonneries réciproques* (fig. 11).

Tableaux indicateurs. — La même sonnerie peut devoir être commandée de

FIG. 11.

plusieurs endroits différents, et on doit savoir d'où vient l'appel.

Dans ce but, on emploie les *tableaux indicateurs* (fig. 12).

On a, *en série* avec la sonnerie, un électro-aimant qui agit sur une aiguille aimantée portant deux plaques très légères, sur l'une desquelles est inscrite l'indication voulue : par suite du passage du courant dans l'électro, lors d'un appel, ce disque vient se placer devant la partie transparente ménagée dans une glace dépolie. Au repos, l'autre disque, qui est blanc, se trouve en face de cette partie transparente.

Après un appel, en faisant passer dans le solénoïde en sens inverse du premier, un courant pris en *dérivation* sur le circuit, on ramènera l'appareil à sa situation normale.

Quel que soit le nombre des numéros d'un tableau, il y a toujours *trois bornes* réservées aux *deux pôles de la pile* et à la sonnerie.

Si l'on a deux tableaux réunis ensemble, on a une 4ᵉ borne réservée à la jonction des deux tableaux.

Fils conducteurs. — Les piles, les sonneries et les tableaux sont réunis par des fils de cuivre rouge recouverts d'isolant. Lorsque l'on a des fils nombreux, il est bon de donner des couleurs différentes à l'enveloppe extérieure, afin de suivre facilement les divers circuits.

Pour les parties extérieures, les caves ou les planchers, on em-

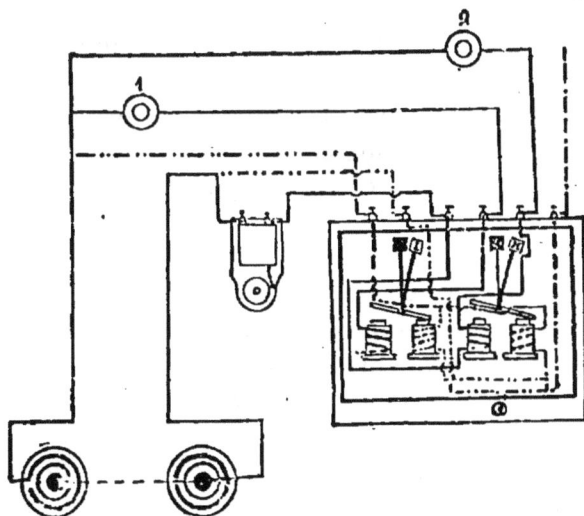

FIG. 12.

ploie ces mêmes fils contenus dans une gaine en plomb.

Les diamètres sont de 1,2 m/m pour les conducteurs généraux et les colonnes montantes; de 1,1 à 1 m/m pour les dérivations principales, et 9/10 m/m pour les dérivations secondaires. Pour les conducteurs situés à l'extérieur, on emploie du fil de fer galvanisé de 1,8 m/m de diamètre pour les distances inférieures à 50 m.; 2 et 2,5 m/m pour les distances supérieures.

Les fils seront *toujours* placés sur des *isolateurs*.

EFFETS PHYSIOLOGIQUES DES COURANTS

On peut dire que les courants continus n'ont pas d'effets physiologiques dangereux. Il n'y a donc *aucun inconvénient* à toucher, sans précaution spéciale, les organes ou parties nues des appareils traversés par des courants continus, le voltage de ceux-ci *ne dépassant pas 3,000 volts*. Il est toutefois *prudent* de ne pas toucher ensemble deux organes tels qu'un courant puisse s'établir au travers du corps, la commotion violente qui se produirait par suite de l'extra-courant de rupture pouvant être dangereuse surtout si l'on est sujet à des troubles cardiaques.

Il n'en *est pas de même avec les courants alternatifs ;* on peut poser en principe que *ceux-ci ont des effets physiologiques dangereux, même à bas voltage (200 volts).* Ces effets dépendent de la fréquence.

Si la force électromotrice de l'alternateur suit la loi sinusoïdale simple, et que la fréquence soit faible, il n'y a pas d'effets physiologiques ; si la fréquence augmente, il y a dans l'organisme des contractions nerveuses telles que la *mort par asphyxie* peut s'ensuivre. *On devra donc appliquer la respiration artificielle* à toute personne atteinte par les courants alternatifs. Si la fréquence dépasse 3,000, les actions physiologiques décroissent et à 10,000 leur action devient nulle.

On *ne devra jamais toucher* les parties *nues* d'appareils *traversés par les courants alternatifs* sans s'être au préalable *isolé du sol* en se plaçant sur un *tabouret à pieds de verre* et sans s'être muni de *gants en caoutchouc*. Malgré ces précautions, il *ne faudra jamais toucher deux organes tels* qu'un courant *puisse s'établir* au travers du corps.

Picard et David.

LES DÉRANGEMENTS DES DYNAMOS (1)

1. — Les dérangements qui peuvent affecter le fonctionnement régulier d'une installation électrique proviennent, soit de la dynamo génératrice, soit de la canalisation, soit des appareils d'utilisation, soit enfin de la force motrice et de l'installation mécanique. Nous ne nous occuperons ici que des dérangements provenant des dynamos génératrices.

(1) Extrait du journal *L'Électricien.*

La recherche des causes de dérangements qui peuvent survenir dans une dynamo, pendant qu'elle est en marche, est une opération délicate qu'il n'est possible de mener à bonne fin qu'à la condition de procéder méthodiquement.

Il est à peu près impossible de prévoir tous les cas particuliers qui peuvent se présenter, car il faudrait tenir compte des conditions de fonctionnement spéciales à chaque installation. Toutefois, dans la plupart des cas, un examen minutieux des divers organes de la dynamo et des essais méthodiques permettront de localiser et de réparer rapidement les dérangements qui viendraient à se produire.

La moindre négligence, un fil mal attaché ou un écrou desserré par exemple, peut devenir une cause de dérangement et même d'accident grave. D'autres causes, également simples, mais parfois difficiles à reconnaître, suffisent pour paralyser le fonctionnement d'une installation. Il suffit, le plus souvent, que le mécanicien, chargé de la conduite des dynamos, possède quelques connaissances élémentaires pour qu'il puisse, guidé par une série de règles claires et précises, remédier immédiatement à la plupart des dérangements qui peuvent survenir.

L'établissement de règles indiquant la marche à suivre pour retrouver·les causes d'un dérangement est assez facile, si on considère le petit nombre d'organes dont se compose une dynamo, ainsi que sa simplicité au point de vue mécanique.

D'une manière générale, toutes les fois qu'un dérangement vient à se produire, on doit immédiatement procéder à un examen minutieux des divers organes de la dynamo; cet examen suffit, dans la plupart des cas, pour découvrir la cause du dérangement. Il est inutile d'insister sur l'intérêt qu'il y a, afin d'éviter les accidents, à entretenir les machines dynamos toujours en bon état, à veiller à ce que les godets graisseurs soient toujours garnis, à ce que la dynamo ne soit pas surchargée, etc., etc.

2. — Les divers dérangements qui peuvent affecter une machine dynamo sont les suivants :

I. — La dynamo ne donne pas de courant;

II. — Il se produit de fortes étincelles aux balais;

III. — Il se produit un échauffement anormal de certains organes de la dynamo;

IV. — La dynamo produit du bruit ou une trépidation excessive pendant sa marche;

V. — L'armature ne tourne pas à sa vitesse normale.

Nous allons examiner successivement les causes de ces divers dérangements en indiquant les moyens employés pour les caractériser et pour les réparer.

I. — LA DYNAMO NE DONNE PAS DE COURANT.

3. — Les causes qui peuvent produire ce dérangement sont les suivantes :

A]. Magnétisme rémanent des inducteurs trop faible;

B]. Contacts défectueux;

C]. Court-circuit ou mauvais isolement dans les organes de la dynamo ou dans le circuit extérieur.

- a). Mauvais isolement des bornes de la dynamo;
- b). Mauvais isolement des porte-balais;
- c). Mauvais isolement des bobines inductrices;
- d). Court-circuit dans les bobines inductrices;
- e). Court-circuit dans le commutateur;
- f. Court-circuit en un point quelconque de la canalisation.

D]. Circuit ouvert dans les organes de la dynamo ou dans le circuit extérieur.

- a). Interruption dans le circuit des inducteurs;
- b). Interruption dans le circuit de l'armature;
- c). Les balais n'appuient pas sur le collecteur;
- d). Interruption dans le circuit extérieur.

E]. Inversion des bobines des inducteurs.

4. — A]. **Magnétisme rémanent des inducteurs trop faible.** — Ce dérangement est facile à constater en se servant d'un morceau de fer que l'on approche des pièces polaires; dans ce cas le morceau de fer est peu ou point attiré.

Les causes de ce dérangement sont multiples. Il peut être dû à un courant qui a circulé dans les bobines des inducteurs en sens inverse du sens normal : par exemple, la décharge accidentelle d'une batterie d'accumulateurs, des connexions inversées, etc. L'action du magnétisme terrestre ou le voisinage d'une autre dynamo peuvent également produire le même effet.

Pour remédier à ce défaut, il faut amorcer la dynamo. A cet effet, on peut employer une autre dynamo ou une batterie d'accumulateurs, même une pile, et on fait passer le courant, dans un certain sens, à travers les inducteurs de la dynamo défectueuse. Si, après cette opération, le dérangement persiste, on fait passer de nouveau le courant dans les inducteurs, mais en sens inverse.

Lorsque la dynamo est à enroulement en série, il suffit de la mettre en marche et, lorsqu'elle a atteint sa vitesse normale, on la met en court-circuit, pendant quelques secondes seulement, en reliant les deux bornes par un fil de cuivre. Aussitôt l'amorçage obtenu, le court-circuit doit être enlevé, car, s'il se prolongeait, on risquerait d'endommager la machine.

Lorsque la dynamo est enroulée en dérivation, on ne peut procéder de la même manière, car la mise en court-circuit des bornes ou des conducteurs extérieurs ne produirait pas d'excitation; dans ce cas, il faut détacher les conducteurs extérieurs de leurs bornes, faire tourner la machine et, dès qu'elle a atteint sa vitesse normale, rattacher brusquement les conducteurs extérieurs.

5. — B]. **Contacts défectueux.** — De mauvais contacts dans les différentes connexions de la dynamo peuvent être la cause du dérangement. Il suffit, dans ce cas, d'examiner soigneusement, les unes après les autres, toutes les connexions de l'armature et des inducteurs, de nettoyer tous les contacts au papier de verre et de resserrer toutes les vis, bornes, etc., après avoir bien décapé toutes les extrémités des conducteurs qui y aboutissent.

Lorsque le dérangement est dû à un contact défectueux dans les connexions des diverses bobines des inducteurs, on peut le reconnaître en approchant, mais sans toucher, un morceau de fer des pièces polaires. Si les contacts sont bons, le fer est attiré d'une manière uniforme par chacune des pièces polaires, tandis que, s'ils sont mauvais, l'attraction magnétique varie constamment, ce que l'on constate par les secousses ou saccades que l'on éprouve dans la main qui tient le morceau de fer.

6. — C]. Court-circuit ou mauvais isolement dans les organes de la dynamo ou dans le circuit extérieur. — Ce dérangement est caractérisé dans les dynamos enroulées en dérivation par une aimantation faible, mais encore appréciable, des pièces polaires.

On doit d'abord rechercher si le court-circuit se trouve dans la dynamo ou dans le circuit extérieur. A cet effet, il suffit de détacher les conducteurs des bornes de la dynamo et d'intercaler une lampe à incandescence entre ces deux bornes. Si la lampe fonctionne régulièrement, le défaut est sûrement dans le circuit extérieur; dans le cas contraire, il faut le chercher dans les organes de la dynamo en procédant aux vérifications suivantes :

7. — a). *Mauvais isolement des bornes de la dynamo.* — L'isolement des bornes se vérifie à l'aide d'une pile et d'un galvanomètre. La pile P (fig. 1) se compose de trois ou quatre éléments Leclanché, montés en tension; un des pôles de la pile est mis en communication avec la terre

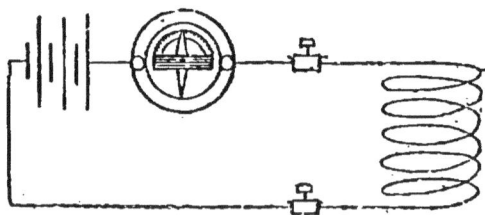

Fig. 1.

par l'intermédiaire d'une conduite d'eau ou de gaz, par exemple, tandis que l'autre pôle est attaché à une des bornes *b* d'un galvanomètre C; un fil d'essai, fixé à l'autre borne *b'*, est mis en communication successivement avec chacune des bornes de la dynamo. Si l'isolement est bon, l'aiguille du galvanomètre ne doit pas dévier.

On vérifie de même l'isolement de chaque borne, par rapport au bâti de la dynamo, en reliant le pôle de la pile qui était à la terre en un point quelconque du bâti et en touchant successivement chaque borne avec le fil d'essai.

8. — *b*). *Mauvais isolement des porte-balais.* — On procède comme il vient d'être indiqué pour les bornes, en touchant successivement avec le fil d'essai chacun des porte-balais.

9. — *c*). *Mauvais isolement des bobines inductrices.* — La vérification de l'isolement des bobines inductrices, par rapport au bâti de la dynamo et par rapport à la terre, s'effectue de la même manière, avec une pile et un galvanomètre. Il faut, toutefois, avoir le soin, au préalable, de détacher les conducteurs extérieurs des bornes de la dynamo, afin d'être bien certain que le défaut se trouve bien dans la machine et non dans le circuit extérieur.

Lorsque les bobines des inducteurs sont toutes mal isolées et ont une perte à la terre par l'intermédiaire du bâti, la dynamo ne donne pas de courant. Il peut arriver aussi que l'une des bobines, seulement, soit défectueuse et, dans ce cas, la dynamo fournit du courant, mais l'intensité de ce dernier est beaucoup plus faible que l'intensité normale.

10. — *d*). *Court-circuit dans les bobines inductrices.* — Un court-circuit dans les bobines inductrices peut être aussi la cause du dérangement. On comprend, en effet, qu'une dérivation à résistance très faible entre deux points de l'enroulement ait pour conséquence d'absorber la majeure partie du courant d'excitation qui, alors, ne parcourt plus la totalité de la bobine. Il en résulte nécessairement une diminution d'intensité magnétique dans les inducteurs.

Lorsque la dynamo est enroulée en série, l'intensité du courant fourni diminue, et l'inducteur défectueux chauffe moins que celui qui est en bon état; si la dynamo est à enroulement en dérivation ou compound, les inducteurs s'échauffent.

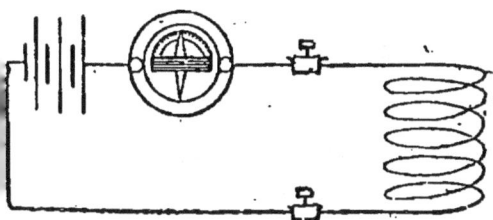

FIG. 2.

11. — Pour trouver la bobine défectueuse, il faut mesurer séparément la résistance de chacune d'elles, après

avoir détaché toutes les communications qui servent à la relier au circuit. On emploie à cet effet une caisse de résistances avec pont de Wheatstone, un galvanomètre sensible et une pile de trois à quatre éléments. Si on ne possède pas ces appareils spéciaux, on peut effectuer cette vérification en employant simplement une pile et un galvanomètre que l'on relie en tension avec la bobine à vérifier, comme l'indique la figure 2. En notant la déviation du galvanomètre pour chaque bobine, il est facile de reconnaître celle où existe un court-circuit, car elle donne une déviation bien plus grande que les autres.

12. — e). *Court-circuit sur le commutateur.* — Un court-circuit assez faible, dû à des poussières de cuivre établissant une communication entre plusieurs secteurs du commutateur, suffit pour empêcher la dynamo de donner du courant. Un examen minutieux de cet organe, accompagné au besoin d'essais avec la pile et le galvanomètre ou la sonnerie, permettent toujours de trouver le point défectueux.

13. — f). *Court-circuit en un point quelconque de la canalisation.* — Nous avons déjà indiqué (§ 6) le moyen de reconnaître si le court-circuit se trouvait dans la dynamo ou dans le circuit extérieur. Pour localiser le dérangement, si l'essai a fait reconnaître qu'il se trouvait dans le circuit extérieur, on replace brusquement les conducteurs, que l'on avait détachés, dans leurs bornes respectives et, à l'endroit défectueux, le coupe-circuit fusible, s'il y en a, fondra ou, dans le cas contraire, le conducteur chauffera et alors son enveloppe isolante pourra brûler. Cet essai, naturellement, doit se faire en prenant les plus grandes précautions, afin de ne pas mettre le feu au bâtiment, accident qui pourrait se produire, soit par la production de fortes étincelles, soit par la fusion d'un conducteur à l'endroit défectueux.

14. — Si le court-circuit était considérable, il est probable qu'au moment où on rattacherait les conducteurs aux bornes de la dynamo en marche, la courroie tomberait de la poulie. Dans ce cas, le dérangement serait facilement découvert à l'aide d'une pile et d'un galvanomètre en procédant comme il suit :

On commence d'abord par mettre toutes les lampes ou autres

appareils d'utilisation hors du circuit en détachant les conducteurs qui y aboutissent et les laissant suspendre, de manière à ce qu'ils soient isolés et ne touchent nulle part. Cela fait, on amène les conducteurs de la pile P (fig. 3), l'un au point de départ du conducteur principal *m*, l'autre à la borne *g* d'un galvanomètre G; un second fil relie la borne *g'* à l'autre conducteur principal *n*. Si la canalisation est en bon état, le

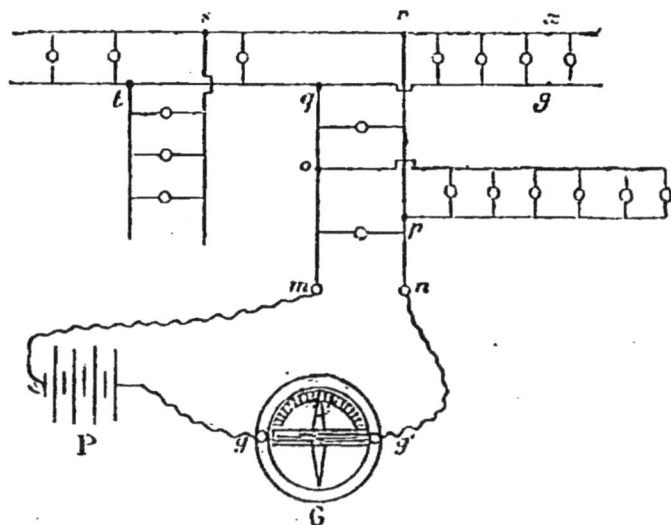

Fig. 3.

galvanomètre ne doit pas dévier, les deux conducteurs du circuit principal étant isolés l'un de l'autre et détachés de leurs bornes sur le tableau de distribution. Dans le cas contraire, en supposant, par exemple, qu'il y ait un court-circuit en *xy*, il faut détacher, à chaque point de raccordement, les conducteurs de tous les circuits secondaires; cela fait, on procède d'abord à l'essai du circuit principal, puis, successivement, à celui de chacun des circuits secondaires *op*, *qr*, *st*. Une fois le défaut localisé sur la section *qr*, il est facile de le trouver et de le réparer.

Dans le cas où l'essai ferait reconnaître que la canalisation est en bon état, il faudrait chercher le défaut entre ce point et l'extrémité des conducteurs qui aboutissent à la dynamo. On procéderait comme il vient d'être indiqué pour trouver le dérangement, soit dans les conducteurs qui relient la dynamo au tableau de distribution, soit dans le tableau de distribution lui-même.

15. — Un court-circuit assez faible, comme celui qui se produit quelquefois dans les supports de lampes à incandescence, est suffisant pour empêcher la dynamo de donner du courant.

Aussi est-il indispensable, avant de rattacher les conducteurs aux appareils d'utilisation, lorsque les essais n'ont pas fait découvrir le dérangement dans le tableau de distribution ou dans la canalisation, de vérifier minutieusement les divers appareils en faisant, au besoin, des essais avec la pile et le galvanomètre ou avec la pile et une sonnerie. On trouve alors facilement le point défectueux.

Dans tous les cas, lorsqu'un court-circuit se trouve dans le circuit extérieur, il faut isoler ce dernier de la dynamo jusqu'à ce qu'il soit réparé.

16. — D]. **Circuit ouvert dans les organes de la dynamo ou dans le circuit extérieur.** — Lorsque le dérangement se trouve dans le circuit extérieur, on le reconnaît à ce qu'une lampe à incandescence, intercalée entre les deux bornes de la dynamo, fonctionne régulièrement, après avoir eu, toutefois, le soin de détacher les conducteurs principaux.

Si la lampe ne fonctionne pas, on doit chercher le dérangement de la dynamo en procédant comme il suit :

17. — a). *Interruption dans le circuit des inducteurs.* — On retrouve facilement ce dérangement en vérifiant séparément chaque bobine à l'aide de la pile et du galvanomètre ou d'une sonnerie, disposés comme le montre la figure 1 ; bien entendu, il faut, au préalable, détacher les extrémités de chaque bobine. La bobine qui aurait une interruption dans son circuit ne donnera pas de déviation, si on fait usage d'un galvanomètre, ou la sonnerie ne fonctionnera pas si on emploie cet instrument à la place d'un galvanomètre.

Une fois chaque bobine vérifiée, il faut examiner soigneusement toutes les connexions du circuit des inducteurs pour voir s'il n'y a pas de mauvais contacts et bien nettoyer ces derniers.

18. — *b*). *Interruption dans le circuit de l'armature.* — L'interruption d'une des bobines de l'armature peut être reconnue en essayant chaque bobine séparément avec la pile et le galvamètre (fig. 1) après avoir détaché toutes les communications des bobines avec le collecteur. Si une des bobines, essayée dans ces conditions, ne donne pas déviation, c'est qu'il y a rupture du conducteur.

Comme cet essai entraîne un travail assez long et par suite une perte de temps, on peut arriver plus rapidement au résultat en employant la méthode suivante :

On met la dynamo en marche et, à l'aide d'un bout de fil *ab* (fig. 4), on touche le commutateur en deux points *cd* comprenant entre eux plusieurs lames. Si la machine commence à donner du courant, une étincelle jaillira sur le commutateur entre les deux extrémités du fil et indiquera que l'interruption se trouve dans la partie com-

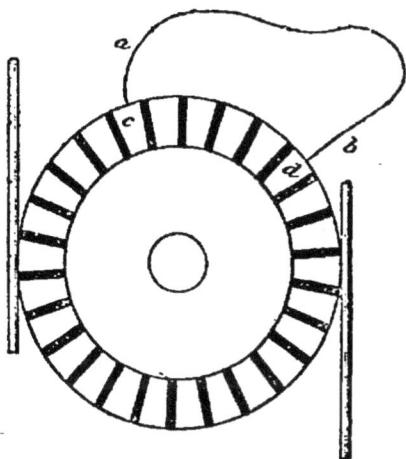

Fig. 4.

prise entre les deux points touchés. S'il ne se produit rien, on continue à chercher en d'autres points du commutateur, jusqu'à ce que l'étincelle se produise. Aussitôt qu'elle apparaît, on arrête la machine pour éviter toute détérioration du commutateur et de l'armature. La bobine défectueuse sera alors facilement reconnue aux traces de brûlure qui se trouveront sur la lame correspondante.

La plupart du temps ce dérangement est dû plutôt à un mauvais contact qu'à une rupture du fil de la bobine. Ces défauts amènent la détérioration rapide de certaines lames du commutateur par suite des fortes étincelles qui se produisent lorsque les balais passent sur ces lames. Il est donc nécessaire, toutes

les fois qu'on s'aperçoit que quelques lames sont plus détério-
rées que les autres, de vérifier toutes les connexions entre ces
lames et les bobines correspondantes de l'induit et de resserrer
ou de rattacher et au besoin de souder les communications défectueuses.

19. — c). *Les balais n'appuient pas sur le collecteur.* — Le
simple examen des balais permettra de reconnaître facilement
cette cause de dérangement.

20. — d). *Interruption dans le circuit extérieur.* — Lorsque
l'essai indiqué § 16 a fait reconnaître que le dérangement se
trouve dans le circuit extérieur, il faut d'abord procéder à une
visite de tous les appareils accessoires, tels que : interrupteurs,
commutateurs, coupe-circuit fusibles, bornes de raccordement
des conducteurs du circuit principal, etc., afin de voir s'ils sont
en bon état, si les contacts sont propres, si des fils fusibles n'ont
pas été fondus ou ne manquent pas, si les manettes des interrupteurs et des commutateurs sont bien dans la position
voulue, etc. Cet examen doit également porter sur les appareils
montés sur le tableau de distribution, ainsi que sur les appareils d'utilisation.

Pour rendre la vérification plus précise, on fait usage d'une
pile et d'une sonnerie ou d'un galvanomètre.

Si cet examen n'a pas fait découvrir le défaut, il faut procéder
à la vérification des conducteurs principaux, en disposant la
pile et le galvanomètre comme l'indique la figure 5, après avoir
ouvert le circuit de tous les appareils d'utilisation.

Un des pôles de la pile étant relié à la terre ainsi que l'une
des extrémités du conducteur à vérifier, on touche l'autre extrémité de ce conducteur avec le fil *f*. Si le conducteur n'est pas
interrompu, le galvanomètre déviera ; s'il ne dévie pas, c'est qu'il
y a interruption. Pour trouver le point de rupture, on laissera
le fil d'essai *f* attaché en *n* et, à l'aide du fil *f'*, on essayera une
section du conducteur en attachant ce fil en *p* par exemple; si
l'on constate une déviation, c'est que la section *np* est en bon
état et que le défaut se trouve entre *p* et *q*. Plaçant alors le fil *f''*
en *r*, on constate que le dérangement est entre *r* et *p* et, par
des essais successifs, on localise le dérangement sur la plus

tite longueur possible que l'on examine alors très soigneu-
ment.

Dans une installation où les appareils d'utilisation sont montés
n dérivation sur les conducteurs principaux, comme c'est le cas
our les lampes à incandescence, le fonctionnement de la
ynamo ne peut être empêché que par une interruption du cir-
uit principal, car, si une interruption se produisait sur un des
ls de dérivation, le reste de l'installation continuerait à fonc-
ionner normalement, et l'on s'apercevrait de ce dérangement

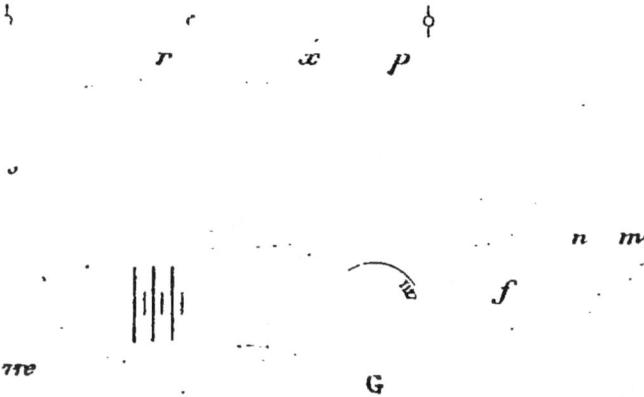

Fig. 5.

ar l'extinction de la lampe alimentée par ce conducteur
érivé.

21. — E]. **Inversion des bobines des inducteurs.** —
orsque des bobines inductrices ont été placées sur les noyaux
n sens opposé du sens normal ou que leurs connexions ont été
nversées, on constate que les pièces polaires sont fortement
imantées lorsqu'on approche séparément de chacune d'elles un
orceau de fer. Si on fait l'essai à l'aide d'un aimant libre-
ent suspendu, on voit que les pièces polaires attirent chacune
a même extrémité de cet aimant, ce qui indique qu'elles ont
ne polarité semblable au lieu d'être de polarité inverse.

Lorsque la dynamo est à plusieurs pôles, les essais doivent
orter sur deux pièces polaires consécutives.

7

Une fois le dérangement caractérisé, il est facile d'y remédier, soit en retournant la bobine défectueuse, soit en inversant ses connexions.

II. — IL SE PRODUIT DE FORTES ÉTINCELLES AUX BALAIS.

22. — Les causes qui peuvent donner lieu à la production de fortes étincelles aux balais sont les suivantes :

A]. Surcharge de la dynamo.
  - a). Voltage anormal.
  - b). Intensité trop considérable.
  - c). Mauvais isolement du circuit extérieur.

B]. Mauvais calage des balais ;

C]. Mauvais état du commutateur ;

D]. Mauvais état des balais et des porte-balais ;

E]. Interruption dans le circuit de l'armature ;

F]. Court-circuit dans l'armature ;

G]. Isolement défectueux d'une bobine inductrice ;

H]. Faiblesse du champ magnétique inducteur.

23. — A]. **Surcharge de la dynamo.** — Lorsque la dynamo est surchargée, c'est-à-dire lorsque le voltage est anormal sur un circuit à potentiel constant, ou l'intensité trop considérable sur un circuit à intensité constante, non seulement il se produit de fortes étincelles aux balais, mais encore les inducteurs et l'armature s'échauffent fortement (Voir III). En outre, la courroie de transmission est très tendue et produit des grincements par suite de son glissement sur la poulie.

24. — a). *Voltage anormal.* — Ce dérangement est indiqué par le voltmètre et peut provenir soit d'une excitation trop intense, soit d'une vitesse de rotation trop considérable.

On augmente la résistance à l'aide du rhéostat, afin de diminuer l'excitation, et cela suffit le plus souvent pour ramener le voltage à son point normal.

Dans le cas où le dérangement proviendrait d'une vitesse trop grande, ce que l'on peut facilement constater à l'aide d'un compte-tours, il faut diminuer la vitesse du moteur actionnant la dynamo.

Il peut arriver aussi, lorsqu'on vient d'installer une dynamo et qu'on la fait tourner pour la première fois, que l'excès de vitesse soit dû à un défaut de proportion de la poulie, ce qu'il est du reste facile de vérifier.

25. — *b*). *Intensité trop considérable.* — Dans le cas où la dynamo alimente des lampes à arc, la surcharge peut être due à un courant trop intense. L'observation de l'ampèremètre permet de constater ce défaut et, dans ce cas, il suffit d'augmenter la résistance intercalée sur le circuit de chaque lampe à arc, en manœuvrant le rhéostat qui lui est affecté.

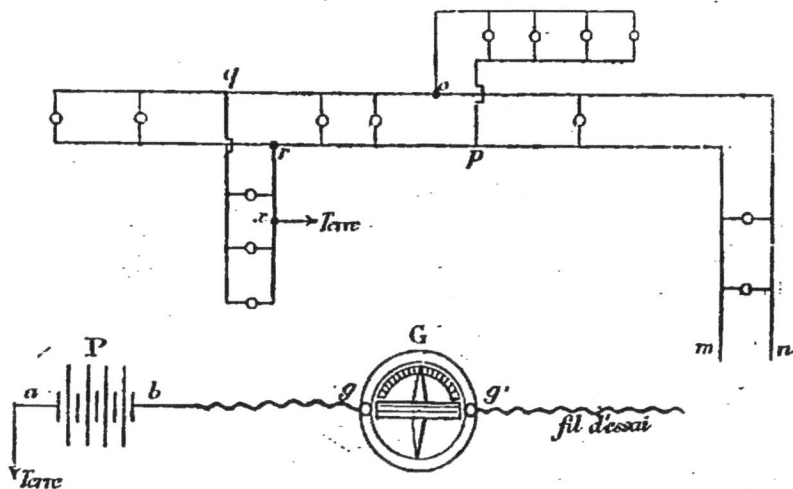

Fɪɢ. 6.

Si l'installation comporte des lampes à incandescence, la surcharge peut être due à ce qu'il y en a en fonctionnement un plus grand nombre que ne le comporte la puissance de la dynamo. Il n'y a alors qu'à supprimer les lampes en excès, pour que le fonctionnement devienne régulier.

26. — *c*). *Mauvais isolement du circuit extérieur.* — La surcharge de la dynamo peut également provenir d'un mauvais isolement du circuit extérieur, ce qui cause une augmentation considérable de l'intensité du courant fourni par la dynamo; c'est ce qui arrive fréquemment par les temps pluvieux, lorsque

le circuit extérieur est aérien et comporte des conducteurs nus.

Lorsque la canalisation est établie avec des conducteurs isolés, il est nécessaire de procéder à des essais pour trouver le point où existe une dérivation.

On enlève d'abord les conducteurs des bornes du générateur d'électricité, en ayant soin d'éviter qu'ils ne se touchent entre eux ou qu'ils soient en contact avec le mur ou des objets métalliques. Cela fait, on ferme le circuit de toutes les lampes à l'aide des interrupteurs ou du commutateur de mise en court-circuit pour les lampes à arc. Les extrémités *mn* des conducteurs principaux (fig. 6) étant isolées, on met le conducteur *a* de la pile à la terre par l'intermédiaire d'une conduite d'eau ou de gaz, tandis que l'on relie l'autre conducteur *b* à l'une des bornes *g* du galvanomètre G. A la borne *g'* du galvanomètre on attache un fil qui servira aux essais. Tout étant ainsi disposé, si l'on suppose une perte à la terre en un point quelconque *x* de la canalisation, on procédera à sa recherche en touchant d'abord l'une des extrémités des conducteurs principaux, *m* par exemple, avec le fil d'essai partant de *g'*. S'il n'existe aucune dérivation à la terre, l'aiguille du galvanomètre ne déviera pas; elle déviera dans le cas contraire. Pour localiser le défaut, on détachera les conducteurs de toutes les dérivations principales en *op* et *qr*, et on touchera de nouveau soit le conducteur *m*, soit le conducteur *n* avec le fil d'essai *g'*; s'il n'y a pas de déviation, on en conclura que la perte n'est pas sur ce circuit. Il suffit alors de répéter l'essai sur chacune des sections *op* et *qr* pour reconnaître celle qui est défectueuse. Cette section reconnue, on trouvera le défaut en ouvrant le circuit de tous les appareils d'utilisation branchés sur cette section, et on essayera alors séparément le conducteur *q* et le conducteur *r*. En examinant ensuite attentivement le conducteur défectueux sur tout son parcours, on découvrira facilement le dérangement.

Le défaut peut se trouver quelquefois sur les conducteurs de dérivation qui amènent le courant aux lampes. Dans ce cas, il est nécessaire de les détacher des conducteurs principaux pour faire l'essai.

27. — B]. **Mauvais calage des balais.** — Lorsque la pro-

duction des étincelles provient d'un mauvais calage des balais, on s'en aperçoit en déplaçant les porte-balais; dans ce cas, cette production d'étincelles varie à chaque déplacement.

Pour obtenir un bon calage, il suffit de déplacer doucement les balais en avant et en arrière jusqu'au moment où l'on a trouvé une position pour laquelle les étincelles sont réduites au minimum.

Lorsque cette manœuvre ne suffit pas pour empêcher la production anormale des étincelles, il faut vérifier si les points de contact des balais opposés sont bien sur un même diamètre; lorsque les balais ne sont pas en opposition exacte (à moins d'indications de pose spéciale données par le constructeur), il faut les y amener. Pour trouver facilement les points où ils doivent toucher le commutateur, on compte les lames de ce dernier ou bien on prend de chaque côté la mesure de l'espace qui sépare les balais entre eux. Si, par exemple, un commutateur comporte 40 secteurs et que l'on compte pour un celui sur lequel appuie le balai supérieur, le balai inférieur, pour être bien placé, devra appuyer sur le 21° secteur.

La bonne position des balais est une des conditions importantes d'une bonne marche; ils doivent presser suffisamment sur le collecteur en faisant légèrement ressort; s'ils appuient trop fortement, collecteur et balais s'useront inutilement; s'ils n'appuient pas assez, les balais sauteront en produisant des étincelles.

On doit prendre garde que quelques fils ou une lame du balai ne soient pas rebroussés et veiller à ce que les balais portent bien à plat sur le collecteur, qu'ils sortent d'une longueur égale de leur support, qu'il soient parfaitement propres ainsi que les porte-balais, que ces derniers soient bien assujettis, qu'ils puissent fonctionner librement.

Les points de contact des balais avec le collecteur doivent toujours être ceux qui donnent lieu à la moindre production d'étincelles. Toutefois, il y a lieu de remarquer que ces points varient avec l'intensité du courant fourni.

28. — C]. **Mauvais état du commutateur.** — Le mauvais état du commutateur peut être aussi la cause d'une production anormale d'étincelles.

Pour vérifier si le dérangement provient de ce fait, il faut d'abord s'assurer que le commutateur tourne bien rond et ne présente pas d'aspérités à sa surface. Lorsque ce dernier cas se produit, il en résulte qu'au moment où les balais passent sur les parties en creux, ils sont ébranlés et le contact devient défectueux.

Un examen attentif du commutateur, que l'on fera tourner lentement, permettra de voir s'il est excentrique. Dans le cas où le dérangement serait dû à cette cause, il faut passer le commutateur au tour, soit en plaçant un petit banc à tourner dans une position qui permette de faire l'opération sur place ou, si cela n'est pas possible, en enlevant l'armature et en la plaçant sur le tour.

Les aspérités à la surface du commutateur peuvent provenir d'éraflures produites par les étincelles ou du déplacement de secteurs métalliques ou barres qui se trouvent, soit en saillie, soit en contre-bas. En appuyant légèrement le doigt sur le commutateur pendant qu'il tourne, on sentira à la main la moindre rugosité. Lorsque la dynamo est à haute tension et afin d'éviter tout danger, on pourra toucher le commutateur avec un petit bâton de bois que l'on appuiera très légèrement. Si les aspérités ainsi constatées sont peu sensibles, on peut les enlever au *papier de verre*; l'usage du papier émeri doit être absolument proscrit. Si le papier est insuffisant, il faut prendre la lime, en ayant soin d'enlever soigneusement la limaille qui pourrait occasionner un court-circuit accidentel entre les bobines de l'armature; ce travail ne peut être effectué que par un ouvrier expérimenté, car, s'il est mal fait, le commutateur ne tarderait pas à ne plus être rond, ce qui aurait pour effet d'aggraver le dérangement. Enfin, si les inégalités de la surface du commutateur sont dues à une usure anormale produite par un frottement excessif des balais, il faut, si elles sont très accentuées, avoir recours au tour.

29. — D]. **Mauvais état des balais et des porte-balais.** — Le mauvais état de ces organes a pour effet de produire un contact défectueux entre le commutateur et les balais et, par conséquent, donne lieu à de nombreuses étincelles.

Un examen minutieux des balais permet de vérifier s'ils ressent suffisamment sur le commutateur en faisant légèrement ressort, si quelques fils ou lames d'un des balais ne sont pas rebroussés, si dans toute sa largeur chacun d'eux appuie bien à plat sur le commutateur, s'ils sont parfaitement propres, s'ils sont bien assujettis dans leur porte-balai.

La cause du dérangement une fois connue, il est facile d'y remédier, soit en ajustant les balais, soit en les nettoyant. Voir § 28.)

30. — E]. **Interruption dans le circuit de l'armature.** — De fortes étincelles se produisent sur le commutateur, non seulement lorsque la dynamo tourne à sa vitesse normale, mais aussi lorsque la vitesse est notablement diminuée. Cela permet de différencier le dérangement dû à cette cause de celui qui provient du mauvais état du commutateur, à moins que les inégalités de la surface de ce dernier ne soient pas trop fortes et, dans ce cas, il est facile de s'en apercevoir. De plus, la dynamo ne donne pas de courant, cas déjà prévu. (Voir à ce sujet le paragraphe 18.)

Généralement l'interruption se produit au point où les fils de l'armature viennent se relier aux différents segments du commutateur. Il suffit alors de vérifier toutes les connexions entre les segments et les bobines correspondantes de l'armature et de resserrer, de rattacher ou, au besoin, de souder les communications défectueuses. Lorsque la communication ne peut pas être rétablie immédiatement, on relie le segment défectueux au segment voisin et l'on peut alors laisser la dynamo en service.

Lorsque l'interruption se trouve à l'intérieur de l'une des bobines, il faut nécessairement défaire la bobine défectueuse et la bobiner de nouveau, une fois la rupture réparée. S'il est indispensable d'éviter l'arrêt de la dynamo, on pourra continuer à marcher après avoir relié le segment correspondant à la bobine défectueuse au segment voisin.

Pour reconnaître la bobine interrompue, on procède comme il est indiqué au paragraphe 18.

31. — F]. **Court-circuit dans l'armature ou dans le**

commutateur. — Ce dérangement est facile à constater par ce fait que, chaque fois qu'un balai passe sur le segment relié à la bobine en court-circuit, il se produit une forte étincelle qui brûle le métal. De plus, la dynamo ne donne pas de courant. (Voir paragraphe 12.)

Lorsque ce dérangement provient de poussières de cuivre collées sur l'isolant entre deux lames consécutives du commutateur, il suffit, comme il a été dit paragraphe 18, de vérifier et de nettoyer soigneusement cette pièce.

Si le court-circuit existe dans l'enroulement même, il faut rechercher la partie défectueuse. Le plus souvent la bobine qui a un court-circuit se reconnaît facilement à cause de son échauffement anormal qui augmente au point de brûler l'isolant. Aussi, lorsqu'il est nécessaire de faire marcher la dynamo afin de localiser le court-circuit, il faut le faire avec les plus grandes précautions et en ayant le soin d'arrêter sa marche au bout d'une ou deux minutes, pour recommencer quelques instant après, jusqu'à ce que la bobine défectueuse ait été reconnue son échauffement anormal.

Un procédé plus sûr, mais beaucoup plus long, consiste mesurer la résistance de chaque bobine; mais, pour cela, il est nécessaire d'avoir à sa disposition un appareil spécial, c'est à-dire une caisse de résistance avec pont de Wheatstone, un galvanomètre et une pile.

Lorsque le court-circuit existe à l'intérieur d'une bobine, il faut nécessairement refaire l'embobinage et si, dans un cas urgent, la dynamo doit continuer à fonctionner, on supprime la bobine défectueuse en reliant directement les deux segments du commutateur auxquels aboutissent ses deux extrémités.

32. — G]. **Isolement défectueux d'une des bobines inductrices.** — Ce défaut se reconnaît à ce fait que, si l'excitation est plus forte dans un des inducteurs que dans l'autre, un des balais donnera plus d'étincelles que l'autre et ces étincelles se produiront comme dans le cas d'un mauvais calage.

La recherche de ce dérangement s'effectue comme il a été indiqué précédemment, paragraphe 9.

33. — H]. **Faiblesse du champ magnétique inducteur**

— En approchant un morceau de fer des pièces polaires, on constate qu'elles sont faiblement aimantées. De plus, le point où les balais donnent le minimum d'étincelles se trouve constamment déplacé par suite de l'action relativement énergique du magnétisme de l'armature et la dynamo ne peut atteindre sa force électromotrice normale.

La cause du dérangement peut provenir d'une rupture du circuit des inducteurs, d'un court-circuit ou du mauvais isolement des bobines inductrices.

La rupture du circuit dans les inducteurs sera constatée en procédant comme il est indiqué paragraphe 17.

Quant à l'existence d'un court-circuit dans le circuit des inducteurs, on peut le reconnaître en mesurant la résistance de chaque bobine ou en procédant comme il est indiqué paragraphe 11.

Généralement, le court-circuit n'intéresse qu'une bobine, de sorte que l'affaiblissement du champ inducteur est plus accentué d'un côté que de l'autre et qu'un morceau de fer, placé à égale distance de deux pièces polaires, est plus attiré par l'une d'elles que par l'autre.

Un mauvais isolement de l'une des bobines inductrices peut produire le même dérangement; dans ce cas, un des balais donne plus d'étincelles que l'autre (paragraphe 32) et l'on procède à la recherche de la bobine défectueuse comme il est indiqué paragraphe 9.

La réparation du défaut constaté est facile lorsqu'il se trouve extérieurement, mais, lorsqu'il est à l'intérieur des bobines, il faut défaire la bobine défectueuse et la rebobiner après avoir fait la réparation.

III. — IL SE PRODUIT UN ÉCHAUFFEMENT ANORMAL DES ORGANES DE LA DYNAMO.

34. — L'échauffement anormal de certains organes de la dynamo peut dépendre de plusieurs causes que nous allons énumérer. Dans tous les cas, c'est un accident facile à reconnaître, car il suffit de placer la main sur les diverses parties de

la dynamo pour constater si leur température est anormale. Lorsque la main peut supporter le contact, cet échauffement ne présente rien de dangereux; mais, dans le cas contraire, il est indispensable d'en rechercher la cause. S'il venait à se produire un dégagement de fumée et une odeur de brûlé, se serait l'indice d'un dérangement sérieux et il serait nécessaire, alors, d'arrêter immédiatement le fonctionnement de la machine.

Chaque fois qu'il se produit une élévation anormale de température dans une dynamo pendant son fonctionnement, il faut localiser le dérangement et voir quel est l'organe qui en est la cause. Il est évident que c'est l'organe qui s'échauffe le plus qui doit être défectueux : mais il est assez difficile de le reconnaître pendant la marche de la dynamo, car les autres organes s'échauffent aussi par conduction. Le moyen le plus rationnel et le plus sûr de le trouver consiste à arrêter la dynamo et à attendre qu'elle soit complètement refroidie ; on la remet alors en marche et, au bout de quelques minutes de fonctionnement, on l'arrête de nouveau et on tâte immédiatement avec la main les divers organes. Il est alors facile de retrouver celui qui chauffe le plus, car la chaleur n'a pas eu le temps de se propager au delà du point défectueux.

D'une manière générale, lorsqu'une dynamo fonctionne normalement, aucune de ses parties ne doit avoir une température supérieure de plus de 40° centigrades à la température ambiante. Pour évaluer le degré de température, il faut, aussitôt après l'arrêt de la dynamo, placer au contact des divers organes un thermomètre que l'on protège contre le rayonnement en le recouvrant de chiffons ou de drap ; dans ces conditions, le thermomètre fera connaître les températures des diverses parties de la dynamo avant qu'elles aient eu le temps de se refroidir d'une manière sensible. La température ambiante étant connue, on en déduira l'élévation de température produite par la marche de la dynamo.

Ce premier essai ayant permis de localiser le dérangement dans un des organes de la dynamo : armature, inducteurs ou paliers, il est possible de classer les diverses causes de dérangement comme l'indique le tableau suivant :

A]. Échauffement de l'armature.
- a). Courant trop intense dans l'armature.
- b). Court-circuit dans l'enroulement de l'armature.
- c). Courants de Foucault dans le noyau de l'armature.
- d). Humidité des bobines de l'armature.

B]. Echauffement des inducteurs.
- a). Courant d'excitation trop intense.
- b). Humidité des bobines inductrices.
- c). Courants de Foucault dans les pièces polaires.

C]. Échauffement des paliers.
- a). Graissage défectueux.
- b). Poussières et corps étrangers dans les coussinets.
- c). Arbre faussé, mal dressé ou mal tourné.
- d). Coussinets mal alignés ou trop serrés.
- e). Le moyeu de la poulie ou la butée de l'arbre viennent buter contre les coussinets.
- f). Courroie trop tendue.
- g). Armature trop rapprochée de l'une des pièces polaires.

35. — A]. **Échauffement de l'armature.** — L'échauffement anormal de l'armature ayant été constaté, soit à la main, soit à l'aide du thermomètre, on fait les essais suivants pour en découvrir la cause.

36. — a). *Courant trop intense dans l'armature.* — Lorsque le dérangement provient d'une surcharge de la dynamo, il se produit, en outre, de fortes étincelles aux balais. C'est le même cas qui a été examiné aux paragraphes 23, 24, 25 et 26.

37. — b). *Court-circuit dans l'enroulement de l'armature.* — Ce dérangement est en outre caractérisé par une forte production d'étincelles aux balais. Il faut procéder pour rechercher le défaut et le réparer comme il est indiqué paragraphe 31.

38. — c). *Courants de Foucault dans le noyau de l'armature.*

— C'est un défaut de construction dont on s'aperçoit dès que la dynamo est mise en marche pour la première fois ; de plus, la dynamo exige du moteur qui l'actionne un effort bien plus considérable que l'effort normal, même lorsque la charge est nulle, et il ne se produit pas d'étincelles aux balais, ce qui permet de différencier ce dérangement du précédent. On doit alors refuser au constructeur une machine établie dans d'aussi mauvaises conditions. Aussi ce dérangement n'est-il mentionné ici que pour mémoire, car il ne peut se produire avec une dynamo ayant déjà bien fonctionné.

39. — d). *Humidité des bobines de l'armature.* — Lorsque les bobines de l'armature sont humides, l'élévation de température qui en résulte produit de la vapeur d'eau. On peut considérer ce dérangement comme étant dû à un court-circuit dans l'armature (§ 37), l'effet produit étant le même.

Pour réparer ce défaut, il faut enlever l'armature et la mettre dans un endroit chauffé à une température modérée ou bien encore la faire traverser par un courant dont l'intensité ne dépasse pas celle que fournit normalement la dynamo. Sous l'action du courant, l'enroulement s'échauffe et l'humidité disparaît graduellement.

40. — B]. **Échauffement des inducteurs.** — L'échauffement anormal des inducteurs peut tenir à l'une des trois causes suivantes :

41. — a). *Courant d'excitation trop intense.* — Ce défaut n'est caractérisé que par l'échauffement excessif d'une ou de plusieurs bobines inductrices. Lorsque toutes les bobines s'échauffent également, le dérangement tient à ce que le courant d'excitation est trop intense et, dans ce cas, il n'y a qu'à augmenter la résistance à l'aide du rhéostat d'excitation.

Si, au contraire, il n'y a qu'une seule bobine dont la température s'élève d'une manière excessive, on doit en conclure que le dérangement est dû à un court-circuit dans cette bobine, sauf lorsque la dynamo est enroulée en série (1). On procède alors comme il a été déjà indiqué paragraphe 10.

_____

(1) Lorsque la dynamo est enroulée en série, l'inducteur défectueux chauffe moins que celui qui est en bon état. Lorsque le courant d'excitation est trop

Dans une dynamo mise en service pour la première fois, le dérangement peut provenir d'une différence notable dans la résistance des bobines inductrices. Dans ce cas, il faut mesurer la résistance des diverses bobines pour s'assurer que le dérangement est dû à cette cause et ne pas accepter la livraison d'une machine défectueuse.

42. — *b*). *Humidité des bobines inductrices.* — L'humidité ayant pour effet de diminuer l'isolement, la résistance du circuit inducteur est plus faible que la résistance normale. De plus, on constate qu'il se dégage de la vapeur d'eau et les bobines sont humides au toucher. Lorsque la dynamo est enroulée en dérivation, on peut constater avec un ampèremètre que l'intensité du courant d'excitation est plus considérable que d'habitude.

Il faut, dans ce cas, dessécher les bobines inductrices en procédant comme il a été indiqué pour l'armature (paragraphe 39).

43. — *c*). *Courants de Foucault dans les pièces polaires.* — Ce dérangement peut provenir, soit d'un vice de construction, soit des variations du courant d'excitation. Il faut donc s'assurer, lors de la mise en service d'une dynamo neuve, si le défaut est dû à un vice de construction ou s'il doit être attribué aux variations du courant. A cet effet, il suffit d'intercaler un ampèremètre dans le circuit inducteur et d'observer l'aiguille. Ces variations de courant ne peuvent avoir d'autre cause que des contacts défectueux qui laissent passer en partie le courant, car, s'ils étaient absolument mauvais, la dynamo ne donnerait pas de courant et l'on retomberait dans le cas indiqué paragraphe 5.

44. — C]. **Échauffement des paliers.** — Lorsque les paliers chauffent d'une manière anormale, on peut, dans certains cas, lorsqu'il est absolument nécessaire de laisser la dynamo en marche, les refroidir avec de l'eau ou avec de la glace ; mais c'est un expédient qu'il ne faut employer que dans

intense dans une dynamo à enroulement en série, il faut le réduire, soit en en dérivant une partie, soit par tout autre moyen, par exemple en enlevant une couche ou plusieurs de l'enroulement.

un cas tout à fait exceptionnel, et il vaut mieux arrêter la dynamo pour procéder à la recherche du dérangement qui est dû ordinairement aux causes suivantes:

45. — a). *Graisssage défectueux.* — Vérifier soigneusement les godets graisseurs, voir s'ils sont vides et, dans ce cas, rechercher s'il n'y a pas de fuite, ce qui souvent est la cause qu'ils se sont vidés rapidement et que le graissage de l'arbre et des paliers est défectueux. S'assurer également que les orifices par où s'échappe le lubréfiant ne sont pas bouchés.

46. — b). *Po ssières et corps étrangers dans les coussinets.* — Il suffit de démonter les coussinets et de vérifier soigneusement l'arbre, ainsi que l'intérieur des coussinets pour voir s'il n'y a pas de rayures ou de poussières.

Dans ce cas, il faut enlever l'arbre et le nettoyer soigneusement, ainsi que le coussinet et le palier.

47. — c). *Arbre faussé, mal dressé ou mal tourné.* — Un arbre faussé est facile à reconnaître, car il tourne irrégulièrement et difficilement ; on constate ce défaut beaucoup mieux en faisant tourner l'armature à la main, lorsque cela est possible.

Lorsqu'un arbre est faussé, il est nécessaire de le remplacer.

L'examen de la partie de l'arbre qui repose sur les paliers permet de reconnaître s'il est mal tourné ou mal dressé dans cette partie. Ce défaut est ordinairement facile à réparer en passant l'arbre au tour, ou en le dressant avec une lime lorsque les rugosités qu'il présente sont peu accentuées.

48. — d). *Coussinets mal alignés ou trop serrés.* — L'arbre tourne difficilement, mais ne présente plus ce défaut lorsqu'on a enlevé les écrous qui maintiennent les coussinets en place. Il suffit de donner du jeu, si les coussinets sont trop serrés, ou de les déplacer légèrement, soit latéralement, soit verticalement, lorsqu'ils sont mal placés.

49. — e). *Le moyeu de la poulie ou la butée de l'arbre viennent buter contre les coussinets.* — Vérifier s'il y a un jeu convenable (de 1,5 mm à 3 mm) entre le bord de la poulie ou la butée de l'arbre et les coussinets correspondants. Dans le cas où ce jeu n'existerait pas, il faudrait déplacer la poulie ou limer le coussinet ; en ce qui concerne la butée, on donnerait du

jeu en passant l'arbre au tour pour diminuer le collet ou en limant le coussinet.

50. — *f*). *Courroie trop tendue.* — Le dérangement peut provenir d'une surcharge de la dynamo (voir paragraphes 23, 24, 25 et 26) et, dans ce cas, il suffit de réduire la charge.

S'il provient de la tension exagérée de la courroie, ce que l'on peut constater lorsque la dynamo tourne à vide, il suffit de la desserrer.

Dans les deux cas, le palier du côté de la poulie chauffe plus fortement que l'autre.

51. — *g*). *Armature trop rapprochée de l'une des pièces polaires.* — Le défaut provient d'un vice de construction dont il est facile de s'apercevoir lorsque la dynamo est mise en marche pour la première fois. Si l'armature est excentrée, elle est attirée plus fortement par l'une des pièces polaires que par l'autre, et les paliers s'échauffent comme si les coussinets étaient mal placés. On pourrait, à la rigueur, centrer l'armature en déplaçant les coussinets, mais c'est une opération difficile qui peut amener, par la suite, des accidents. Il vaut mieux, dans ce cas, ne pas accepter une dynamo ayant ce défaut.

IV. — LA DYNAMO PRODUIT DU BRUIT OU UNE TRÉPIDATION EXCESSIVE PENDANT SA MARCHE.

52. — Lorsqu'un bruit anormal ou des trépidations excessives se produisent pendant le fonctionnement d'une dynamo, il faut immédiatement en rechercher la cause et procéder à un examen minutieux de la machine. Le plus souvent le dérangement provient des causes suivantes :

A.]. Écrous desserrés;

B.]. Chocs des butées de l'arbre, du moyeu de la poulie ou du bord de la courroie contre les coussinets;

C.]. Armature ou poulie mal équilibrée;

D.]. Chocs de l'armature contre les pièces polaires;

E.]. Joint de la courroie battant contre la poulie;

F.]. Ronflement dû aux dents du noyau de l'armature lors de leur passage devant les pièces polaires;

G.]. Mauvais calage des balais qui grincent sur le collecteur.

Les trépidations peuvent être dues également à ce que le bâti de la dynamo est mal fixé au sol.

53. — A]. **Écrous desserrés.** — L'examen attentif de tous les organes comportant des écrous, tels que coussinets, poulie, etc., suffit pour se rendre compte des parties défectueuses. Ce défaut, qui se produit fréquemment, peut être très facilement évité si l'on prend la précaution de visiter tous les écrous et tous les organes susceptibles de se desserrer chaque fois que l'on doit mettre la dynamo en marche.

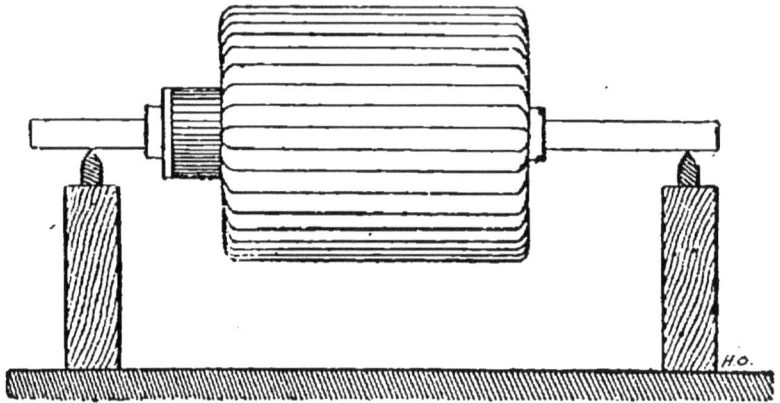

FIG. 7.

54. — B]. **Chocs des butées de l'arbre, du moyeu de la poulie ou du bord de la courroie contre les coussinets ou les paliers.** — Ces défauts sont faciles à découvrir; un simple examen de ces organes suffit. Une fois le point défectueux reconnu, il n'y a qu'à passer l'arbre au tour pour donner du jeu entre les butées, ou à déplacer la poulie sur l'arbre pour qu'il ne se produise plus de chocs, ou enfin à tendre la courroie pour qu'elle ne glisse plus sur la poulie et qu'elle ne frotte plus par son rebord sur le palier. On peut encore arriver au même but, dans certains cas, en limant le palier et le coussinet sur le bord.

55. — C]. **Armature ou poulie mal équilibrée.** — En

plaçant la main sur le bâti de la dynamo en marche, on sent de fortes vibrations qui varient d'intensité avec les changements de vitesse imprimés à la dynamo.

Dans ce cas, il est nécessaire de vérifier séparément l'armature et la poulie. Pour cet essai, on enlève l'arbre et l'armature et on les place, comme le montre la figure 7, sur deux traverses métalliques, disposées bien horizontalement à l'aide d'un niveau, et suffisamment écartées pour que l'armature puisse tourner librement entre elles; il est préférable que la partie supérieure de ces traverses, sur lesquelles repose l'arbre, soit taillée en biseau. Tout étant ainsi disposé, on fait tourner lentement l'armature à la main, en avant et en arrière, et il sera alors facile de reconnaître si un des côtés est plus lourd que l'autre, en un mot si l'armature est mal équilibrée, à la tendance que prend la partie la plus lourde de revenir en bas. Lorsque l'essai a fait découvrir un défaut d'équilibre, on peut le corriger en fixant *très solidement* du côté le plus léger un poids additionnel en plomb.

On procédera de même pour vérifier et corriger le défaut d'équilibre de la poulie.

56. — D]. **Chocs de l'armature contre les pièces polaires.** — Un enroulement mal fixé peut produire ce défaut. Dans tous les cas, il suffit de faire tourner l'armature, d'examiner soigneusement sa surface pour voir s'il n'y a rien d'anormal et, enfin, de vérifier s'il y a partout entre l'armature et les pièces polaires un espace libre qui ne doit pas être inférieur à 1,5 mm. Il est ainsi aisé de voir, en faisant tourner l'armature lentement, à la main si possible, si quelque partie frotte la surface des pièces polaires.

Le défaut est facile à réparer en rabattant les parties saillantes ou en faisant rentrer et fixant solidement les fils mal assujettis. On pourrait aussi au besoin, s'il est impossible de faire autrement, limer l'intérieur des pièces polaires là où frotte l'armature.

57. — E]. **Joint de la courroie battant contre la poulie.** — Lorsque le joint est mal fait et présente une épaisseur plus grande que le reste de la courroie, il arrive fréquemment

qu'au moment où le joint passe sur la poulie, il se produit un bruit assez fort, se répétant à intervalles périodiques, c'est-à-dire à chaque passage.

Le défaut reconnu, il faut refaire le joint ou employer une courroie sans fin.

58. — F]. **Ronflement dû aux dents du noyau de l'armature lors de leur passage devant les pièces polaires.** — Avec les induits dentés, il se produit toujours un léger ronflement pendant la marche de la dynamo. Mais ce bruit ne constitue pas un défaut; il n'y a donc pas lieu de s'en préoccuper, si ce n'est lors d'un essai de dynamo mise en service pour la première fois, et seulement dans le cas où le ronflement produit serait trop intense; le défaut proviendrait alors d'un défaut de construction, tel que section transversale des dents trop faible, arêtes trop vives des extrémités des pièces polaires, etc.

Lorsque le ronflement vient à augmenter notablement dans une dynamo ayant déjà bien fonctionné, la cause en peut être due un courant d'excitation trop intense; dans ce cas, il est aisé de vérifier le fait et il suffit alors d'augmenter la résistance du rhéostat d'excitation.

59. — G]. **Mauvais calage des balais qui grincent sur le collecteur.** — En approchant l'oreille du commutateur, on se rend compte que le défaut provient bien de cet organe; en outre, il peut se produire des étincelles.

Des balais mal assujettis, des rugosités sur le commutateur, des balais trop durs ou pierreux lorsqu'on fait usage de balais en charbon, un mauvais calage peuvent donner naissance à un bruit assez strident.

La cause du dérangement trouvée, il est facile d'y remédier, soit en huilant très légèrement le commutateur avec un chiffon, soit en faisant disparaître à la lime, au papier émeri ou au tour les rugosités du commutateur, soit enfin en réglant la position des balais et en les assujettissant dans les porte-balais.

V. — L'ARMATURE NE TOURNE PAS A SA VITESSE NORMALE.

60. — On vérifie la vitesse de la dynamo à l'aide d'un compte-

tours et l'on peut constater alors s'il se produit un ralentissement ou une accélération de vitesse, le moteur marchant toujours à son allure normale.

Ce dérangement peut provenir des causes suivantes :

A]. Surcharge de la dynamo ;

B]. Court-circuit dans l'armature ;

C]. Coussinets trop serrés ou poussières et corps étrangers dans les paliers ;

D]. Frottement de l'armature contre les pièces polaires.

61. — A]. **Surcharge de la dynamo.** — Le ralentissement de la vitesse de l'armature est accompagné d'une production anormale d'étincelles aux balais, de l'échauffement des paliers et de l'armature. De plus, la courroie est fortement tendue et l'ampèremètre indique une intensité de courant excessive.

Le ralentissement de la vitesse n'est donc qu'une conséquence du dérangement. (Voir les paragraphes 23, 24, 25 et 26 pour sa recherche et la manière de le relever.)

62. — B]. **Court-circuit dans l'armature.** — Le dérangement est, en outre, caractérisé par un échauffement anormal de l'armature et par une production d'étincelles aux balais. Procéder comme il est indiqué paragraphes 31 et 37.

63. — C]. **Coussinets trop serrés ou poussières et corps étrangers dans les coussinets.** — Il se produit en même temps un échauffement anormal des paliers et l'on procède comme il est indiqué paragraphes 46 et 48. Le dérangement peut aussi provenir d'un défaut de graissage. (Voir paragraphe 45.)

64. — D]. **Frottement de l'armature contre les pièces polaires.** — Ce dérangement a déjà été examiné paragraphe 56. Il est caractérisé non seulement par un ralentissement de vitesse, mais aussi par la production d'un bruit anormal.

65. — **Récapitulation.** — Après avoir décrit les principales causes de dérangement qui peuvent affecter le fonctionnement régulier d'une dynamo, nous avons pensé qu'il serait utile de les résumer en un seul tableau, plus facile à consulter et renvoyant aux paragraphes où le lecteur trouvera tous les détails nécessaires.

TABLEAU DES DÉRANGEMENTS

QUI SE PRODUISENT LE PLUS FRÉQUEMMENT DANS LE FONCTIONNEMENT
DES MACHINES DYNAMO-ÉLECTRIQUES

I. — La dynamo ne donne pas de courant.

A]. Magnétisme rémanent des inducteurs trop faible (4).

B]. Contacts défectueux (5).

C]. Court-circuit ou mauvais isolement dans les organes de la dynamo ou dans le circuit extérieur (6).
  - a). Mauvais isolement des bornes de la dynamo (7).
  - b). Mauvais isolement des porte-balais (8).
  - c). Mauvais isolement des bobines inductrices (9).
  - d). Court-circuit dans les bobines inductrices (10, 11).
  - e). Court-circuit dans le commutateur (12).
  - f). Court-circuit en un point quelconque de la canalisation (13, 14, 15).

D]. Circuit ouvert dans les organes de la dynamo ou dans le circuit extérieur (16).
  - a). Interruption dans le circuit des inducteurs (17).
  - b). Interruption dans le circuit de l'armature (18).
  - c). Les balais n'appuient pas sur le collecteur (19).
  - d). Interruption dans le circuit extérieur (20).

E]. Inversion des bobines des inducteurs (21).

II. — Il se produit de fortes étincelles aux balais.

A]. Surcharge de la dynamo (23).
  - a). Voltage anormal (24).
  - b). Intensité trop considérable (25).
  - c). Mauvais isolement du circuit extérieur (26).

B]. Mauvais calage des balais (27).

C]. Mauvais état du commutateur (28).

D]. Mauvais état des balais et des porte-balais (29).

II — Il se produit de fortes étincelles aux balais.

- E]. Interruption dans le circuit de l'armatu-
- F]. Court-circuit dans l'armature (31). [re (30).
- G]. Isolement défectueux d'une bobine inductrice (32).
- H]. Faiblesse du champ magnétique inducteur (33).

III. — Il se produit un échauffement anormal des organes de la dynamo (34).

A]. Échauffement de l'armature (35).
- a). Courant trop intense dans l'armature (36).
- b). Court-circuit dans l'enroulement de l'armature (37).
- c). Courants de Foucault dans le noyau de l'armature (38).
- d). Humidité des bobines de l'armature (39).

B]. Échauffement des inducteurs (40).
- a). Courant d'excitation trop intense (41).
- b). Humidité des bobines inductrices (42).
- c). Courants de Foucault dans les pièces polaires (43).

C]. Échauffements des paliers (44).
- a). Graissage défectueux (45).
- b). Poussières et corps étrangers dans les coussinets. (46).
- c). Arbre faussé, mal dressé ou mal tourné (47).
- d). Coussinets mal alignés ou trop serrés (48).
- e). Le moyeu de la poulie ou la butée de l'arbre viennent buter contre les coussinets (49).
- f). Courroie trop tendue (50).
- g). Armature trop rapprochée de l'une des pièces polaires (51).

IV. — La dynamo produit du bruit ou une trépidation excessive pendant sa marche (52).	A]. Écrous desserrés (53).
	B]. Chocs des butées de l'arbre, du moyeu de la poulie ou du bord de la courroie contre les coussinets (54).
	C]. Armature ou poulie mal équilibrée (55).
	D]. Chocs de l'armature contre les pièces polaires (56).
	E]. Joint de la courroie battant contre la poulie (57).
	F]. Ronflement dû aux dents du noyau de l'armature lors de leur passage devant les pièces polaires (58).
	G]. Mauvais calage des balais qui grincent sur le collecteur (59).
V. — L'armature ne tourne pas à sa vitesse normale (60).	A]. Surcharge de la dynamo (61).
	B]. Court-circuit dans l'armature (62).
	C]. Coussinets trop serrés ou corps étrangers et poussières dans les paliers (63).
	D]. Frottement de l'armature contre les pièces polaires (64).

NOTA. — Les numéros entre parenthèses renvoient aux paragraphes s'appliquant au dérangement constaté.

Comme nous l'avons dit en commençant cette étude, il est à peu près impossible de donner une série de règles absolument fixes prévoyant tous les dérangements qui peuvent survenir pendant le fonctionnement des machines dynamos.

Nous espérons, toutefois, que ce premier travail pourra être de quelque utilité et évitera bien des tâtonnements à ceux qui sont chargés de la conduite de ces machines. Il est possible qu'il contienne quelques erreurs et nous serions reconnaissants à nos lecteurs de vouloir bien nous les signaler.

J.-A. MONTPELLIER,

Rédacteur en Chef de l'*Électricien*.

LES BREVETS D'INVENTION

CONSEILS AUX INVENTEURS

En France, d'après la loi de 1844, qui nous régit encore, un brevet est accordé à toute personne, française ou étrangère, ou à tout groupe de personne qui en fait la demande, sauf cependant lorsqu'il s'agit de combinaisons financières, ou de produits pharmaceutiques. Dans ces cas seuls, la demande est rejetée.

Le privilège est accordé par l'État sans garantie du mérite ou de la nouveauté de l'invention, et c'est pour cette raison que la loi exige, sous peine d'amende, qu'à côté de la mention « Breveté » qui doit être inscrite sur les objets vendus, afin d'avertir les contrefacteurs éventuels qu'ils s'exposent à des poursuites, les mots « sans garantie du gouvernement » (S.G.D.G.) soient ajoutés, afin de bien établir que l'État décline toute responsabilité.

Les brevets sont accordés pour cinq, dix ou quinze ans à la volonté du demandeur, et, quelle que soit la durée choisie, les taxes peuvent être payées par annuités de 100 francs, c'est-à-dire en d'autres termes, qu'il faut verser 100 francs pour la première annuité en formulant la demande, et encore 100 francs chaque année, *au plus tard le jour anniversaire du dépôt.*

Dans le cas où l'on désire abandonner le brevet, il suffit simplement de ne pas payer l'annuité, ce qui entraîne la déchéance immédiate.

Généralement les brevets sont demandés pour une durée de quinze ans, par la raison que l'inventeur, ignorant d'abord toujours l'avenir réservé à son invention, et que d'autre part la faculté lui restant quand même de s'arrêter en ne payant pas les annuités lorsque le succès ne répond pas à ses espérances, il est logique qu'il désire se garantir pour le terme le plus long.

Cette manière de voir est évidemment la meilleure dans la plupart des cas, mais il en est cependant certains où il est préférable de ne demander la garantie que pour cinq ou dix ans. C'est lorsqu'il s'agit d'objets destinés à n'avoir qu'un court succès, comme certains jouets par exemple, et que l'inventeur est dans l'intention de vendre son brevet.

La loi exigeant en effet que pour une vente de brevet, toutes les annuités restant à courir jusqu'à l'expiration du privilège soient versées par anticipation à l'État, il est évident que la somme à payer lors de la cession, sera moins élevée pour un brevet de cinq ans par exemple, que pour un de quinze.

Nous ajouterons ici que dans aucun cas, une prolongation de la durée ne peut être accordée, c'est-à-dire qu'un brevet de cinq ans ou de dix ans tombe sans rémission dans le domaine public à l'expiration de la cinquième ou de la dixième année.

Il y a maintenant un point sur lequel il nous semble utile d'insister d'une façon toute particulière : c'est que *dans aucun cas, une invention ne peut être garantie par un dépôt de modèle.* Il arrive en effet fréquemment que des inventeurs peu au courant de la législation, déposent au Conseil des prud'hommes, par raison d'économie, un modèle de l'objet qu'ils veulent garantir, se réservant de demander un brevet plus tard si le succès répond à leur attente.

C'est une erreur absolue de leur part : un dépôt de modèle ne peut garantir que la *forme extérieure* d'un objet et jamais un mécanisme ou une combinaison d'organes. Il en résulte que le dépôt ainsi effectué ne garantira en aucune façon l'inventeur, et qu'il pourra être impunément contrefait.

En outre de ce premier inconvénient, il en existe un second tout aussi grave : c'est que l'inventeur ayant agi de cette façon, ne pourra plus après le dépôt du modèle, couvrir son invention par un brevet valable, et cela par cette raison péremptoire que

seule est brevetable une invention nouvelle. Or, une invention
cesse d'être réputée nouvelle à partir du jour où elle est portée
à la connaissance du public par la mise en vente, par la distribution de prospectus ou de toute autre manière. La loi est
formelle à cet égard.

Donc l'inventeur est obligé de se couvrir par un brevet avant
de faire connaître sa découverte, c'est-à-dire, en d'autres termes, de faire des frais avant de connaître l'opinion du public,
et de risquer par cela même des fonds qui seront peut-être
complètement perdus pour lui.

Devant cette situation, beaucoup d'inventeurs peu fortunés
préfèrent s'abstenir, et perdre ainsi le fruit de leur travail pour
ne pas risquer de faire une dépense qui pourrait être non seulement inutile, mais encore une source de gêne pour eux.

Il y a cependant, pour sortir de cette impasse, un moyen que
nous conseillons fréquemment à nos clients, et qui est basé sur
ce fait peu connu que tant qu'un brevet n'est pas encore délivré,
l'inventeur à le droit de retirer sa demande. Les pièces qu'il a
déposées lui sont alors rendues *avec la somme de* 100 *francs
qu'il a versée*.

Or, comme il s'écoule environ trois mois entre le jour du
dépôt et celui de la délivrance du titre, il en résulte qu'un inventeur, après avoir déposé sa demande, a devant lui un délai
de tout au moins deux mois et demi pour voir de quelle façon
sa découverte sera accueillie du public. Si le succès ne répond
pas à son attente, il lui suffit dans ce cas d'écrire sur une feuille
de papier timbré au Ministre du commerce pour l'informer que
sa demande est abandonnée et pour le prier en même temps de
lui retourner les différentes pièces accompagnées d'un bon de
remboursement.

A sa lettre au Ministre, l'inventeur joindra le certificat de
dépôt qu'il a reçu en échange des pièces déposées par lui lors
de sa demande de brevet.

Maintenant, pour indiquer la marche à suivre pour déposer
une demande de brevet, nous n'avons qu'à transcrire les articles de la loi du 5 juillet 1844 qui s'y rapportent.

LES DEMANDES DE BREVETS.

Art. 5. — Quiconque voudra prendre un brevet d'invention devra déposer sous cachet, au secrétariat de la Préfecture, dans le département où il est domicilié, ou dans tout autre département, en y élisant domicile :

1° *Sa demande au Ministre du commerce* ;

2° *Une description de la découverte, invention ou application faisant l'objet du brevet demandé* (laquelle devra porter en tête le mot : ORIGINAL) ;

3° *Le duplicata de ladite description* (lequel devra porter en tête le mot DUPLICATA) ;

4° *Les dessins ou échantillons qui seraient nécessaires pour l'intelligence de la description* (ils devront porter en tête le mot ORIGINAL);

5° *Le duplicata desdits dessins ou échantillons* (il devra porter en tête le mot DUPLICATA);

6° *Un bordereau des pièces déposées.*

Nota. — Le bordereau consiste dans l'énumération des pièces renfermées sous le pli cacheté. Toutes ces pièces devront être établies sur autant de feuilles séparées et renfermées dans une seule et même enveloppe à l'adresse du Ministre du commerce.

Art. 6. — La demande sera limitée à un seul objet principal, avec des objets de détail qui le constituent et les applications qui auront été indiquées.

Nota. — Elle pourra être faite sur papier libre.

Elle mentionnera la durée que les demandeurs entenden assigner à leur brevet dans les limites fixées par l'art. 4 (5, 10 ou 15 ans), et ne contiendra ni restrictions, ni conditions, ni réserves.

Nota. — La demande devra mentionner s'il a été précédemment pris à l'étranger un brevet pour la même invention dont la durée sera égale ou inférieure à celle du brevet français.

Elle indiquera un titre renfermant la désignation sommaire et précise de l'objet de l'invention.

La description ne pourra être écrite en langue étrangère; elle devra être sans altérations ni surcharges. Les mots rayés comme nuls seront comptés et constatés, les pages et les renvois paraphés. Elle ne devra contenir aucune dénomination de poids ou de mesures autres que le système métrique.

Les dessins seront tracés à l'encre et d'après une échelle métrique.

Nota. — Les photographies ou dessins effectués suivant des procédés particuliers dérivés de la photographie ne sont pas admis ; ils entraînent le rejet de la demande.

Toutes les pièces seront signées (ainsi que les dessins), par le demandeur ou par un mandataire ; celui-ci devra produire un pouvoir qui restera annexé à la demande.

Nota. — Ces signatures ne doivent pas être légalisées non plus que celles du pouvoir.

Art. 7. — Aucun dépôt ne sera reçu que sur la production d'un récépissé constatant le versement d'une somme de 100 fr. à valoir sur le montant de la taxe du brevet.

Nota. — Le fait seul du versement ne saurait établir l'autorité de la demande. Aux termes de l'art. 8 (voir ci-dessous) la durée du brevet court seulement du jour du dépôt de la demande et des pièces à la Préfecture.

Un procès-verbal, dressé sans frais par le secrétaire général de la Préfecture, sur un registre à ce désigné et signé par le demandeur, constatera chaque dépôt en énonçant le jour et l'heure de la remise des pièces. Une expédition dudit procès-verbal (certificat de dépôt) sera remise au déposant moyennant le remboursement des frais de timbre (o fr. 25).

Art. 8. — La durée du brevet courra à partir du dépôt prescrit par l'art. 5 (jour du dépôt de la demande à la Préfecture).

DE LA DÉLIVRANCE DE BREVETS.

Art. 11. — Les brevets dont la demande aura été régulièrement formée sont délivrés, sans examen préalable, aux risques et périls des demandeurs, et sans garantie, soit de la réalité, de la nouveauté ou du mérite de l'invention, soit de la fidélité ou de l'exactitude de la description.

Un arrêté du Ministre, constatant la régularité de la demande, sera délivré au demandeur, et constituera le brevet d'invention.

A cet arrêté sera joint le duplicata certifié de la description et des dessins, après que la conformité avec l'expédition originale en aura été reconnue et établie au besoin.

La première expédition des brevets sera délivrée sans frais.

Toute expédition ultérieure, demandée par le breveté ou ses ayants cause donnera lieu au payement d'une taxe de 25 francs.

Les frais de dessin, s'il y a lieu, demeureront à la charge de l'impétrant.

ART. 12. — Toute demande dans laquelle n'auraient pas été observées les formalités prescrites par les numéros 2 et 3 de l'art. 5 et par l'art. 6 sera rejetée. La moitié de la somme versée restera acquise au Trésor, mais il sera tenu compte de la totalité de cette somme au demandeur s'il reproduit sa demande dans un délai de trois mois à compter de la date de notification du rejet de sa requête.

ART. 13. — Lorsque, par application de l'art. 3 il n'y aura pas lieu à délivrer un brevet, la taxe sera restituée.

Nota. — C'est-à-dire lorsque l'invention ne sera pas brevetable aux termes de l'art. 3.

DES CERTIFICATS D'ADDITION.

ART. 16. — Le breveté ou les ayants droit au brevet auront, pendant toute la durée de ce brevet, le droit d'apporter à l'invention des changements, perfectionnements ou additions, en remplissant pour le dépôt de la demande, les formalités déterminées par les art. 5, 6 et 7.

Ces changements, perfectionnements ou additions seront constatés par des certificats délivrés dans la même forme que le brevet principal et qui produiront, à partir des dates respectives des demandes et de leur expédition, les mêmes effets que le dit brevet principal avec lequel ils prendront fin.

Chaque demande de certificat d'addition donnera lieu au paiement d'une taxe de 20 francs.

Les certificats d'addition pris par des ayants droit profiteront à tous les autres.

ART. 17. — Tout breveté qui, pour un changement, perfectionnement ou addition, voudra prendre un brevet principal de cinq, dix ou quinze années, au lieu d'un certificat d'addition expirant avec le brevet primitif devra remplir les formalités prescrites par les art. 5, 6 et 7, et acquitter la taxe mentionnée dans l'art. 4.

ART. 18. — Nul autre que le breveté ou ses ayants droit, agissant comme il est dit ci-dessus, ne pourra, pendant une année, prendre valablement un brevet pour un changement, perfectionnement ou addition à l'invention qui fait l'objet du brevet primitif.

Néanmoins toute personne qui voudra prendre un brevet pour changement, addition ou perfectionnement à une découverte déjà brevetée, pourra, dans le cours de ladite année, former une demande qui sera transmise et restera déposée sous cachet au ministère du commerce.

L'année expirée, le cachet sera brisé et le brevet délivré.

Toutefois, le breveté principal aura la préférence pour les changements, perfectionnements ou additions pour lesquels il aurait lui-même, pendant l'année, demandé un certificat d'addition au brevet.

ART. 19. — Quiconque aura pris un brevet pour une découverte ou application se rattachant à l'objet d'un autre brevet n'aura aucun droit d'exploiter l'invention déjà brevetée, et réciproquement, le titulaire du brevet primitif ne pourra exploiter l'invention, objet du nouveau brevet.

DE LA TRANSMISSION ET DE LA CESSION DES BREVETS.

ART. 20. — Tout breveté pourra céder la totalité ou partie de la propriété de son brevet.

La cession totale ou partielle d'un brevet, soit à titre gratuit, soit à titre onéreux, ne pourra être faite que par acte notarié et après le paiement de la totalité de la taxe déterminée par l'art. 4.

Aucune cession ne sera valable à l'égard des tiers, qu'après avoir été enregistrée au secrétariat de la Préfecture du département dans lequel l'acte aura été passe.

L'enregistrement des cessions et de tous les autres actes emportant mutation sera fait sur la production et le dépôt d'un extrait authentique de l'acte de cession ou de mutation.

DES NULLITÉS ET DÉCHÉANCES.

ART. 32. — Sera déchu de tous ses droits le breveté qui n'aura pas mis en exploitation sa découverte ou invention en France dans le délai de deux ans à partir du jour de la signature du brevet, ou qui aura cessé de l'exploiter pendant deux années consécutives, à moins que, dans l'un ou l'autre cas, il ne justifie des causes de son inaction.

Ayant ainsi donné, le plus brièvement possible, les indications que nous avons cru devoir être les plus intéressantes pour les inventeurs, nous allons maintenant, pour compléter les renseignements donnés ci-dessus, dire quelques mots de l'UNION POUR LA PROTECTION DE LA PROPRIÉTÉ INDUSTRIELLE.

Le 20 mars 1883, il a été conclu à Paris, entre la *France*, la *Belgique*, le *Brésil*, l'*Espagne*, le *Guatemala*, l'*Italie*, les *Pays-Bas*, le *Portugal*, la *Serbie* et la *Suisse* (auxquels sont venus se joindre plus tard l'*Angleterre*, la *Bolivie*, les *États-Unis*, le *Danemark*, la *Norvège*, la *Suède* et la *Tunisie*) une convention de laquelle il résulte que l'inventeur, citoyen de l'un des pays contractants, qui aura régulièrement effectué le dépôt d'une demande de brevet d'invention, d'un dessin ou modèle industriel, d'une marque de fabrique ou de commerce, dans l'un des États de l'Union, jouira pour effectuer le dépôt dans les autres États, et sous réserve des droits des tiers d'un délai de priorité de six mois pour les brevets d'invention, et de trois mois pour les dessins ou modèles industriels, ainsi que pour les marques de fabrique ou de commerce. Ces délais sont augmentés d'un mois pour les pays d'outre-mer.

En conséquence, le dépôt ultérieurement opéré dans l'un des autres États de l'Union avant l'expiration de ces délais, ne pourra être invalidé par des faits accomplis dans l'intervalle, soit notamment par un autre dépôt, ou encore par la publication de l'invention, ou son exploitation par un tiers.

De plus, l'introduction par le breveté, dans le pays où le

brevet a été délivré, d'objets fabriqués dans l'un ou l'autre des États de l'Union, n'entraînera pas la déchéance.

Nous faisons remarquer ici que ni l'*Allemagne*, ni l'*Autriche*, ni la *Hongrie*, ni la *Russie*, pour ne parler que des États considérés comme puissances industrielles, n'ont adhéré à cette convention.

La règle de conduite de l'inventeur qui désire assurer ses droits dans plusieurs pays est donc toute tracée : il doit déposer ses demandes de brevets en Allemagne, Autriche, Hongrie et Russie, en même temps qu'en France, ou tout au moins avant que le brevet français ne soit délivré, et par conséquent rendu public. Pour les autres pays, il pourra profiter du délai de six mois que lui accorde la convention précitée.

Il ne nous reste plus avant de terminer qu'à présenter une dernière observation :

La convention de 1883 donnant un délai de six mois, comme il vient d'être expliqué, il paraît naturel que l'inventeur voulant, avant de faire des dépenses plus importantes, se renseigner sur la valeur de sa découverte prenne d'abord un brevet en Belgique où les frais sont moins élevés qu'ailleurs, quitte à se faire ensuite breveter dans les autres pays de l'Union s'il s'aperçoit que l'invention peut lui être profitable.

Cette manière de procéder est parfaitement légale, mais elle offre, par rapport à la loi française, un inconvénient sur lequel nous croyons utile d'insister d'une manière toute spéciale, parce que nous voyons journellement quantité d'inventeurs suivre cette fausse voie sans prendre conseil d'ingénieurs compétents qui auraient pu leur signaler le danger.

En effet, l'article 29 de la loi de 1844 spécifiant que le *brevet français doit expirer en même temps que le brevet étranger pris avant lui*, il en résulte que l'inventeur déposant sa demande de brevet français après celle du brevet belge, ne pourra pas laisser tomber ce dernier sous peine de voir tomber en même temps son brevet français, c'est-à-dire en d'autres termes, qu'il sera tenu, pour conserver son brevet en France, de payer les taxes annuelles en Belgique sans en omettre aucune, même si le brevet ne doit rien lui rapporter dans ce dernier pays.

Il est inutile d'ajouter que ce que nous venons de dire au sujet du brevet belge pris à titre d'exemple, s'applique à tous les autres brevets étrangers déposés avant le brevet français.

En résumé :

L'inventeur français doit déposer son brevet en France en premier lieu.

Ensuite, si son invention est suffisamment importante, il effectuera, avant la délivrance du brevet français, le dépôt en Allemagne, Autriche, Hongrie et Russie.

Après, dans les six mois qui suivront *la date du dépôt en France*, il demandera le brevet en Belgique, Espagne, Italie, Norvège, Portugal, Suède, Suisse, etc.

Et enfin dans le délai de sept mois après le jour du dépôt en France, il pourra se garantir dans les pays d'outre-mer, tels que l'Angleterre, les États-Unis, le Brésil, etc.

Il est bien évident que nous n'avons pu donner dans cette notice, trop courte, par rapport à l'abondance des matières qu'elle comporte, qu'une idée tout à fait générale sur les lois qui régissent actuellement les brevets d'invention.

Nous croyons cependant en avoir dit suffisamment pour permettre aux personnes intéressées de se rendre un compte exact de la marche qu'elles doivent suivre pour sauvegarder leurs intérêts.

Nous nous permettons d'ajouter ici que nous renseignerons toujours avec plaisir les inventeurs qui désireraient nous soumettre un cas particulier ou nous demander des éclaircissements supplémentaires.

MARILLIER et ROBELET,

Ingénieurs-Conseils,

Directeurs de l'*Office International* pour l'Obtention des Brevets d'invention en France et à l'Étranger

42, Boulevard Bonne-Nouvelle. — Paris

CORBEIL. — Imprimerie ED. CRÉTÉ.

www.ingramcontent.com/pod-product-compliance
Lightning Source LLC
Chambersburg PA
CBHW071705200326
41519CB00012BA/2629